疯狂咖啡因

CAFFEINATED

How Our Daily Habit Helps, Hurts, and Hooks Us

日常习惯如何让我们得益、受害和沉迷

[美] 默里·卡朋特◎著

黄茂轩 刘宗为◎译

SPM 南方出版传媒 广东人民出版社

·广州·

图书在版编目（CIP）数据

疯狂咖啡因：日常习惯如何让我们得益、受害和沉迷/（美）默里·卡朋特著；黄茂轩，刘宗为译. —广州：广东人民出版社，2018.12
ISBN 978-7-218-13150-4

Ⅰ.①疯…　Ⅱ.①默…　②黄…　③刘…　Ⅲ.①咖啡因—普及读物　Ⅳ.①Q946.88-49

中国版本图书馆CIP数据核字（2018）第201622号

FENGKUANG KAFEIYIN：RICHANG XIGUAN RUHE RANG WOMEN DEYI、
SHOUHAI HE CHENMI
疯狂咖啡因：日常习惯如何让我们得益、受害和沉迷

[美]默里·卡朋特　著　黄茂轩　刘宗为　译　　　　　　版权所有　翻印必究

出 版 人：肖风华

责任编辑：郑　薇
责任技编：周　杰　易志华

出版发行：广东人民出版社
地　　址：广州市大沙头四马路10号（邮政编码：510102）
电　　话：（020）83798714（总编室）
传　　真：（020）83780199
网　　址：http://www.gdpph.com
印　　刷：广州市一丰印刷有限公司
开　　本：889mm×1194mm　1/32
印　　张：9　字　数：150千
版　　次：2018年12月第1版　2018年12月第1次印刷
定　　价：59.00元

如发现印装质量问题，影响阅读，请与出版社（020-83795749）联系调换。
售书热线：（020）83790604　83791487　邮购：（020）83781421

敬我的父母查克·卡朋特与莎莉·卡朋特

目 录

CAFFEINATED

导　论

CAFFEINATED

苦涩的白色粉末

斜倚在我面前桌上的，是一袋用保鲜袋真空包装起来的白色粉末。差不多是一张 CD 的大小，重 100 克。这粉末是一种生物碱，从生长在低纬度中海拔地区的植物的叶子及种子中萃取而来。

化学家会将此物质视为甲基化的黄嘌呤（Xanthine），它是由微小的结晶结构所组成的物质。从生物学的角度来说，这分子实在太有用了，它在四大洲中脱颖而出，被作为杀虫剂，防止害虫侵蚀它们的寄主植物。

好吧，就个人来说，当我写这些文字的时候，这物质正在我的血管内运行。它是一种药物，过去 25 年以来，我几乎每天都受到它的影响。不过，也有很多人跟我同病相怜。大部分美国人每天都会用到这种药物。它是如此单纯地具有影响力，若植物中不含此物质的话，化学家甚至会直接将它发明出来。

这种苦涩的白色粉末就是咖啡因，是咖啡和茶中的精华，同时也是软性饮料、元气补给饮品或能量饮料的主要成分。简单来说，咖啡因会出名，就是因为能有效地达成让我们感觉良好的目标。但这种药的强度也常常被低估。1/64 茶匙的咖啡因，同时也是软性饮料内常加入的剂量，可给你细微的推进感；1/16 茶匙的咖啡因，差不多是 12 盎司咖啡里的剂量，对一个习惯喝咖啡的人来说就刚刚好；1/4 茶匙的量就会让人觉得身体不舒服——心跳加速、流汗、急性的焦虑感；一茶匙的咖啡因甚至能致人于死地。

三年前当我决定开始接触咖啡因时，我觉得这种药真是棒极了。它不仅最便利，花很少的钱就能加快我的步调、增加我的专注力，还能提高我的生产力。我觉得这东西应该不会带来多坏的影响（就算有，当前的科技也早该将它公之于世），相关的产业也应该相当兴盛。但是，随着我得知越来越多的来自危地马拉中部的咖啡园、新泽西的灌瓶工厂，还有更多其他地方的故事时，才发现自己大大低估了咖啡因这东西。

我低估了这药物对我们身体以及脑部的影响，我低估了咖啡因产业的规模及范围，我也低估了监管机构想要约束相关企业的脱缰时所面临的挑战。

咖啡因的难题

不论是否有规律地服用，咖啡因都能让人思绪变得清晰，特别是那些压力重重、疲累或生病的人。早在"神经加强剂"（Neuroenhancer）这个词流行起来之前，咖啡因就被发现有促进神经传递的功能。它不仅能增强思绪和反应，还能改善你的情绪。有篇关于咖啡因造成精神影响的评论文章是这么说的："有充足的证据显示，低剂量的咖啡因确实与主观感觉'正'相关……受试者表示在服用咖啡因后，觉得活动力与想象力增强，做事更有效率，比较有信心也更机灵，觉得自己更能专注于工作，也出现想社交的渴望。"

和没有服用咖啡因的对手相比，服用咖啡因的运动员更强壮，且动作更迅速。海豹突击队的新兵都需要参与被戏称为"地狱周"的操练，这可是对身体和心灵最严酷且炼狱般的考验，而咖啡因能帮他们表现得更好。此外，咖啡因也能有效改善宿醉的症状。

咖啡因可以让你更强壮、速度更快、更聪明、警觉性更高，但它并不是那么完美的药物。对某些人，咖啡因会触发严重且不舒服的生理反应，像是急性焦虑（Acute Anxiety），甚至恐慌发作（Panic Attack）。对于基因变异型而容易受到咖啡因影响的人来说，这些效果的作用会更加明显。而那些坚信咖啡因不会带来任何坏处的人，应该试着远离咖啡因几天看看。咖啡因戒断（Caffeine Withdraw）是真实存在的，它不是多么令人愉悦的经验，常会伴随头痛、肌肉酸痛、倦怠感、情感冷淡、对事物漠不关心以及抑郁的症状。许多美国人因睡眠减少而服用大剂量的咖啡因，从而陷入这样的恶性循环。

咖啡因不像可卡因那样强效，对经验不足的使用者，超过一克的可卡因就可能致命。你需要一次猛灌 50 杯咖啡或 200 杯茶，才有可能达到致死剂量。但你若直接服用浓缩的粉末，就可以在短时间内达到那个剂量。2010年 4 月 9 日，迈克尔·贝德福（Michael Bedford）在他英格兰的家附近参加派对。在派对中，他吃了两匙从网络上购买的咖啡因粉末，灌了瓶能量饮料。很快地，他开始口齿不清，接着呕吐，然后不支倒地，死亡。据调查，他可能服用了超过 5 克的咖啡因。法医认定咖啡因的"心毒性"为这起案件的死因。

　　咖啡因的难题在于：它可以是很棒的药，甚至是最好的那种，但就像其他强效的药物一样，它也可能会导致严重的后果。

无处不在的咖啡产业

　　我想我绝对是低估了咖啡因所能带来的精神动力的效果。从更大的方面来说，我也低估了咖啡产业的规模和范围。这些具成瘾性且几乎不受管控的药物已经到处都是，唾手可得。它会在一些你可以预料到（像是咖啡、提神饮料、茶、可乐、巧克力）或猜不到的地方（像是橘子口味的苏打水、维生素咀嚼片和止痛药）中出现。

　　我知道有些品牌，像是可口可乐，近几十年来不停地闪避，努力调整配方，甚至运用咖啡因来增强我们的消费模式。我还发现消费者们对咖啡因是一知半解的，因为可口可乐、怪兽能量饮料（Monster）、5 小时能量饮料（5-Hour Energy），甚至星巴克，长久以来都在有系统地弱化咖啡因的重要性。

　　不需要特地去找，只需看看我架子上的物品，就可以了解到这些企业的触角伸得有多远：能量口香糖（Amp Energy Gum）、6 小时能量饮料（6 Hour Energy Shot）、颤抖豆（Jitterbeans），高咖啡因的糖果；好几罐红牛（Red Bull）、摇滚巨星能量提升饮料（Rockstar 2X Energy）、巨兽能量饮料（Mega Monster Energy Drinks）；几瓶山露汽水（Mountain Dew）及可乐，几罐我数十年来第一次因为咖啡因而尝试戒除的健怡可口可乐和健怡百事可乐；一小包我从恰帕斯州带回来的研磨可可粉；一瓶立顿柠檬红茶，以及几包醒神红茶（Morning Thunder Tea），它是一种红茶和玛黛茶①的混合品。还有一盒红茶，是佛蒙特州绿山的一家美食茶铺包装的，以及半英里（约合 0.8 千米）外一家大型工厂制造的独享式胶囊咖啡。架上有在日本非常受欢迎的罐装咖啡，还有我在一个军队实验室里顺手拿的增进战斗体能的口香糖。另外还有标示着中文的星巴克速溶咖啡，几盎司的铁观音散茶，这茶是我在北京一处世界上最大的茶叶市场买来的。架上的密封塑料袋里，有我放进去的可乐果（Kola Nut，非洲人为得到咖啡因的激发效果会嚼这种果子）和瓜拉纳果（Guarana Berry）。瓜拉纳是一种南美洲的藤蔓植物，每盎司所能萃取的咖啡因比其他植物多。还有替运动员设计的含咖啡因的能量果胶，是我从夏威夷世界铁人竞赛拿回来的软糖状能量果胶和铝箔包装的 Gu 果胶。

值得注意的是，大部分盒子是空的。能量饮料是从新泽西灌瓶生产线刚下来的新鲜货，以及好几盒咖啡因果胶、薄片以及口香糖，爪哇怪兽（Java Monster，可口可乐公司旗下一款饮料）和巨星的咖啡口味的能量提升饮料，还有更多更多。照这样看来，我是个来者不拒的重度咖啡因使用者。

在调查的途中出现了一些警讯。当我发现自己正在下单订购一批叫作"大地的黑血"（Black Blood of the Earth）的冷压真空萃取咖啡精华时，我就应该知道自己的调查正偏向一条不归路。不过当标榜着含有普通咖啡 40 倍的咖啡因的产品被装在试管内送到家时，唯一出现在我脑中的是"嘿！这东西说不定真的还不赖！"你还可以在我的架子上发现空空如也的试管（如果用包装上建议的剂量稀释，一次只使用一点，它其实尝起来还不错）。

接着，还有我现在正在喝的咖啡，我用果酱罐装着，并且加入牛奶。这

① 　玛黛茶（Yerba Mate），南美洲的一种长青植物，其叶子含有咖啡因。

咖啡是我用哥伦比亚咖啡豆冲制的，而这些豆子上周才刚从瓦尔多县烘烤出来。今天早上 5 点，我用手动磨豆机研磨这些豆子，将咖啡粉倒进圆锥状的滤纸里面，然后慢慢地用热水浸泡咖啡粉，不久之后，我就可以大口享受我们都熟知的人间美味。

咖啡因成瘾

就像大部分的咖啡因成瘾者一样，我承认自己最感兴趣的，其实是用我所喜欢的方式摄取咖啡因——对我而言就是喝咖啡。而其他人有他们自己的喜好。有人可能会说"我喜欢喝健怡百事（Diet pepsi，无糖百事可乐）"，或是"我离不开星巴克的卡布奇诺"。我们当中可能只有少数几位会承认自己追求的其实就是那苦涩的白色粉末。但这是很合理的。谁会愿意承认自己对某个药物上瘾呢？就算只是热衷于使用某药，也同样让人难以启齿。最后还是要澄清一下，虽然咖啡因在现今社会随处可得，就本质而言也没有明显坏处，但它还是一种药物。而且它比我们所知道的还有效，且更具影响力。

咖啡因不是咖啡、茶、可乐和能量饮料里怪异的成分，反而是这些饮料中不可或缺的重要元素。近几十年来，科学家已经发现，只需要区区 32 毫克咖啡因（比 12 盎司可乐或百事可乐里所含的咖啡因还少），就可以显著地增加使用者的警觉性，也可以缩短反应时间。很多人接触到上述剂量的一半就可以察觉到带来的改变。

如果一项产品中含有的药物所带来的心理激活效果确实可以改善情绪、

清醒和活力程度，那么该药物效果使产品变得有吸引力也不足为奇（不过相反的立场就很难说服大众：能够达到心理激活效果、让人感觉良好的药物，不应该是某种产品的主要卖点）。

如果我们将所有这些产品——咖啡、可乐和能量饮料——进行蒸馏，取出当中的精华，就可以看清楚这些产品代表的意义到底是什么：未被污名化的血管，实时地在我们的身体里传递咖啡因，这被我们称之为咖啡因传递机制（caffeine delivery mechanism），或简称 CDM。

让我们很快地想一下有关污名化的部分。想象下述两个情境，考虑我们对于咖啡因这类药物的矛盾感受。如果同事跟你说："天啊！我真是累惨了。我需要来杯咖啡提提神。"这句话听起来还蛮合理的，你也有可能会请她顺便帮你买杯咖啡。但如果你朋友边抱怨她喝醉了，边从包包里掏出一袋手机大小的白色粉末，仔细地量出 1/16 茶匙的量，接着直接将它舔光，或放进开水里搅拌。这看起来就可能有点诡异—— 如果威廉·巴洛斯（Willam Burroughs）这么做，看起来才会比较合理。[1]

我们认为上述后者的行为比较诡异，但对可口可乐、星巴克以及 5 小时能量饮料的公司们而言，这反而是件好事，因为它们就可以用众人较能接受的方法在产品中加入咖啡因，从而赚进大把钞票。

要讨论咖啡因的问题很不容易，部分原因是因为我们无法精确地做出定义，也没有很合适的词汇可以表达。当有人询问我们的咖啡因摄取习惯时，我们可能会回答每天喝几杯咖啡。但这其实是非常不准确的估计值。一杯 5 盎司的咖啡——研究咖啡因摄取量时通常用这个单位 ——内含的咖啡因可能低于 60 毫克，而一杯 16 盎司的咖啡却可能含有 10 倍以上的咖啡因，但就

[1]　威廉·布洛斯（William S. Burroughs），美国小说家，"垮掉的一代"的主要成员，药物成瘾者，曾被控吸毒杀妻，著名作品为小说《赤裸午餐》。——译者注

字面上来说，这两者都是一杯咖啡。叶卡捷琳娜二世（俄国女皇）每天用一磅（约合 0.45 千克）咖啡豆来煮 5 杯咖啡，这已经是非常大的剂量，甚至逼近极限。所以当你说自己每天喝 3 杯咖啡时，这对于澄清摄取了多少咖啡因是没什么帮助的。

为了让统一剂量更方便，我设计了一个方法，称作标准咖啡因剂量（Standard Caffeine Dose），简称 SCAD。一份 SCAD 就是 75 毫克咖啡因。这是个很方便使用的标准，差不多等于一杯 Espresso（特浓咖啡）、5 盎司的咖啡、8.4 盎司的红牛、两罐可口可乐或百事可乐、16 盎司的山露汽水或 20 盎司的健怡可乐（比可乐含有更多的咖啡因）。

标准化便于我们了解咖啡因的剂量，也能以最有效的方法使用它。举例来说，我每天平均服用 4~5 份 SCAD。当某天我只服用两份 SCAD 时，我觉得自己的动作开始变慢，而当我一天服用 7 份 SCAD 时，就会变得有点神经质。在这整本书里，当我用毫克谈论咖啡因时，也会同时以 SCAD 为单位做批注，希望能帮助读者加深理解。

至于另一个专业术语，也就是每天都有持续使用咖啡因的习惯，可以被称作生理上的依赖或成瘾，这会根据你所问的人不同而有不一样的说法。这本书里我选择用成瘾的（addictive）和成瘾（addiction）两个词来描述咖啡因的效果以及我们的习惯。很明显地，这两个词多少有点责备的意思，所以我想以中性的角度重新解释"成瘾"这个词：习惯使用咖啡因的人，会觉得自己是被迫持续使用该药物，且一停止使用就觉得全身发懒。我无意影射任何与药物成瘾有关的反社会特征，比如宿醉导致工作迟到、在连锁药店里翻箱倒柜找几颗药丸、游走在城市阴暗的角落寻找非法毒品。

双面咖啡因

如果你跟我一样，长久以来都关注咖啡因，就会开始以咖啡因为中心观察周遭事物。这可能会让你感到不安。我去休斯敦研究咖啡因粉末时，随手拿起一包咖啡萃取粉，那是未经加工的咖啡因。我开始注意到，用咖啡因粉末制造的产品已经到处都是。当我走过休斯敦美粒果棒球场的航天员体育馆时，注意到一整面广告墙，上面画着当地特有的咖啡因饮料——Big Red 和 Sun Drop。当时，美粒果（可口可乐旗下的公司）正在生产含咖啡因的果汁。当我停在该区的天然食品店买咖啡时，有个人就坐在我附近的位置上，大口大口地喝着健怡可乐。而当我沿着渥克街散步时，两个迷人的深发色女孩坐在一辆 Nissan Cube（尼桑的一款外观像盒子的汽车）上，上面彩绘着五小时能量饮料，慢慢沿路行驶并发送免费赠品，就如同内城区的可卡因贩子想尽方法要引人上钩一样。我家的架子上可以找到他们当时发给我的小玻璃瓶，还有其他杂七杂八的空瓶。

在回下城区的路上，我看到了一幅奇怪的画面：一辆可口可乐的货车停在路旁卸货。想到手里的咖啡因粉末和产品，我停下车准备照张相。接着那辆货车驶离路边，突然钻进车流中，使得周边小得多的老旧货车必须紧急刹车按下喇叭。那辆发出喇叭声响的，碰巧是辆分发咖啡的货车。这幅景象就如同美国过去 70 年来咖啡因发展史的完美隐喻。

美国在过去 70 年来有两个著名的咖啡因故事：当时咖啡的销售直线下降，而软性饮料的销量异军突起。到了 1975 年，软性饮料超越咖啡，成为在美国最受欢迎的饮料。而美国国内销售量前 10 名的软性饮料中，有 8 种是含有咖啡因的。软性饮料的销售由可口可乐公司主导，它从亚特兰大发源，逐步成为当今最著名的品牌。如果你将截至目前所生产的可乐装进 8 盎司的瓶子，然后将它们一个接一个叠起来，这长度可以从地球抵达月球，再来回 2000 次。全世界的人每秒钟大约会喝掉两万瓶可口可乐，也就是一天会喝掉 17 亿瓶。

可口可乐的成功有赖于咖啡因的功劳。它早期的配方每 8 盎司里含有 80 毫克咖啡因——8.4 盎司的红牛里也有完全一样的剂量，当时以类似于兴奋剂的提神饮料包装营销。直到 1909 年，联邦政府才第一次注意并开始限制逐渐起飞的咖啡因市场，但是却徒劳无功，留下了延续至今、让人傻眼的管控漏洞。

我之前低估了咖啡因的严重性，但上述的历史让我们看到这个问题的另一面：相关单位不知该如何管控该药品。食品药品监督管理局（FDA）不知到底该将咖啡因视为药品还是食品，各方也同样充斥着杂音。长久以来，食品药品监督管理局在管制咖啡因上都扮演着双面人的角色——只有以非处方的药物形式被包装起来时才受到管制，但当被加入饮料或被标示成食品添加物时，基本上都会被忽略。

我桌上那包 100 克的咖啡因，也就是 10 倍致死剂量的咖啡因，就躺在我的掌心。它是我从网络上买来的，卖家完全没有询问我的年龄或是我要买来做什么。包装上是有贴警告标志（"警告：咖啡因在高剂量下有非常大的毒性。不恰当地使用可能会致死"），不过法律并没有要求要贴出标示，因为咖啡因被清楚地标记为食品添加物，而非药品。

在我办公室的书架上，还有另一种咖啡因传递机制，那是一个装有 90 粒 Jet-Alert 咖啡因胶囊的药罐。和 No-Doz 咖啡因片剂或吾醒灵（Vivarin）一样，这些药片都会被食品药品监督管理局当作是非处方药物而受到管制，且需要在包装上贴上警告标志：服用此产品后不宜再任意使用含有咖啡因的药物、食物或饮料，因为摄取太多咖啡因会导致紧张、躁动不安、失眠，以及偶尔会心跳加快。

新一代的能量产品似乎终于吸引了经销商的目光，包括脱水后的能量饮料口香糖、果胶条，甚至是 Tic Tac 迷你爽口糖罐大小的咖啡因粉末。当我完成本书的撰写时，食品药品监督管理局宣布要开始调查新一代咖啡因产品的咖啡因剂量。

管理者绝对应该打包好午餐盒，然后花上一整天的时间做这方面的调查。与其把有问题的产品下架，还不如从一开始就阻止它们上市，这会轻松得多。但当前食品药品监督管理局其实是在玩"猫抓老鼠"的游戏，要围堵咖啡因不是件容易的事。它是当今美国最流行也最不受规范的药品，同时也是食品添加剂，让一家小小的佐治亚州工厂变身成为举世闻名的大厂牌。

平心而论，咖啡因值得我们给予更多正面的评价，不只是因为它在心理动力上所能带来的能量，还有它在美国文化中所扮演的角色，而消费者也需要更多关于咖啡因的信息以及使用上的管理。

我想要更了解咖啡因，这份好奇心带领我前往许多意想不到的地方。其中一个是墨西哥海岸的酷热角落，那是几千年前咖啡因文化扎根的地方。而故事也是从这个地方开始。

第一部

CAFFEINATED

传统咖啡因

第一章　咖啡因文化的摇篮

对巧克力的贪欲

　　伊萨帕（Izapa）的金字塔群不如我预期中壮丽雄伟。它们坐落在墨西哥市的高速公路旁，离恰帕斯州的塔帕丘拉（Tapachula，Chiapas）有十几英里远，是一堆并不太高，由石头围起来的土墩。不断喷出柴油燃烧废气的公交车来来往往，搅起路边的塑料和碎石。少数几家要道旁的客栈冀望能借由地利之便捞一笔，但门可罗雀。当地的住家当起守门员，在自家门口卖起可乐和明信片，或是带着游客进去逛逛遗迹，赚点小费。附近房子里的公鸡发出啼叫声，有几头猪在一旁的泥巴路散步。当夜晚来临时，四周的树林里充斥着鸟鸣声。

　　这个地势低平、紧依着太平洋海岸的地方，被称作索科努斯科（Soconusco），是个会让人热到中暑且常下雨的地区。索科努斯科是巧克力的发源地。树荫遮蔽的空地上满满的都是可可树，范围不超过5英亩（约合两公顷），好像3000年来都在这儿似的。

建造金字塔群的人在奥尔迈克尔人（Olmec）之后、玛雅人之前来到此处。由于这群人实在太过独特，他们的文化被称作伊萨帕（Izapan）。除了古代的舞厅及公共广场（像是金字塔区中央的空地）外，他们还留下了食用可可（cacao，发音为kuh-cow）的传统。自此之后，农夫们就在这儿开始耕耘、种植可可树，也就是这些树长出的果子，让我们有了巧克力。

考古学家在一旁的帕索德拉阿玛达（Paso de la Amada）进行挖掘，发现了3500多年前的巧克力遗迹。这是人类史上最早食用巧克力的证据，听起来还蛮酷的，不过事实不只如此。它同时也是人类最早使用咖啡因的记录。到目前为止，地球上还没有哪个地方能找到更长久的咖啡因使用记录。

把巧克力当作当代奢侈品，并自称巧克力成瘾者，这听起来还蛮诱人的。不过就算是当今最沉溺于巧克力的爱好者，也不可能比得过伊萨帕人、玛雅人和阿兹特克人。他们是真心喜爱巧克力。他们会在进行仪式的时候食用巧克力，而这些仪式有时会以人作为祭品。饮用巧克力时，他们会加入辣椒以增加风味，然后用以严肃脸孔做装饰的特殊水罐，从高处将巧克力倒入杯中，制造出表面的一层泡沫。他们甚至把可可豆当做货币来使用。阿兹特克人还把可可豆当做军粮配额给他们的士兵。

在开拓殖民地时期，巧克力在欧洲宫廷里逐渐受到欢迎，而皇族里最受巧克力成瘾者喜爱的就是索科努斯科的巧克力。这些狂爱巧克力的怪胎里有著名的科西莫三世（Cosimo III），他是当时托斯卡纳的大公。在巧克力传入西班牙和意大利之后不久的1590年，有耶稣会作家注意到西班牙人，特别是女性对巧克力爱不释手。随后，萨德侯爵这位喜爱咖啡和巧克力的自由思想者，开始大力宣传巧克力能激发性欲，虽然这个长久以来的谣言一直未被证实。

　　巧克力在欧洲之所以能获得这么崇高的名声地位，多半要归功于一位18世纪的瑞典植物学家卡尔·林奈（Carl Linnaeus），他发明出辨别物种的二名法。他将可可的树命名为Theobroma cacao。后面的词取自玛雅人对此植物的称呼，前者则是希腊文，意思是"上帝的食物"①。

　　巧克力的确很好吃。但为什么会说它是"上帝的食物"？为什么把它当作在活人献祭时要喝的饮料？为什么说它如此值钱，几乎可以取代金子？实在是很难想象到底是什么原因造就了大家对巧克力的渴望……除非我们想到咖啡因。

　　现在，我们不大会把巧克力当作咖啡因的主要来源，但这可能是伊萨帕人喜爱巧克力的主要原因，在开始饮用咖啡之前的西班牙人可能也是基于同样的理由。

　　我们无法得知以前的可可饮料到底含有多少咖啡因，不过，今天对于巧克力的分析可以给我们一些线索。一条夏芬伯格（Scharffen Berger）的82%可可含量的极黑巧克力棒，每43克（同时也是一条好时巧克力棒的标准大小）里含有42毫克的咖啡因。也就是一克里大约有一毫克的咖啡因。如果伊萨帕人用77克的可可豆做出饮料，他们大概能得到一份SCAD，约略等于一罐红牛或一饮即尽的Espresso。对没有喝咖啡习惯的人来说，这样的量就能给他很大的冲击。

　　我们不再将巧克力视为是咖啡因的主要来源，原因之一是厂商不只

---

①　Theobromine 是结构和咖啡因很类似的生物碱，之后因为该树获得命名的缘故而被称作可可碱；它在巧克力里的含量比咖啡里还多，不过对精神带来的活性影响小很多。

稀释原料，还加了太多假成分。好时的一条43克重的牛奶巧克力棒，只含有9毫克的咖啡因。好时就像大部分其他巧克力大厂，游走于美国食品药品监督管理局规范的边缘。举例来说，食品药品监督管理局就规定牛奶巧克力里至少要有10%的巧克力溶液①。

若想知道为什么喝下充满泡沫且冰凉无糖的可可饮料对伊萨帕的统治者（当时的巧克力非常稀少，平民根本无福消受）有这么大的吸引力，喝下含有咖啡因的饮料对于你解惑会有帮助，咖啡、可可或茶都可以。

设好码表，从含有咖啡因的液体流进你的胃开始算起，大概在20分钟后你会感觉有股温和的嗡嗡声撞到脑部。咖啡因会以不寻常的方式游走于体内。这个小小的分子可以穿过脑血管障碍。它会在我们脑内的神经突触间阻断腺苷这个神经传导物质的再吸收。腺苷会告诉大脑我们累了，但咖啡因会阻止它向大脑传递这个讯息。就是这个小伎俩，让腺苷被赶离它原本的位置，也因此让咖啡因成为美国最受欢迎的药品。

咖啡因的功能不只是冲击你的脑部，它还能给你的生理带来些重要但又有点矛盾的作用。它能刺激你的中枢神经系统；你的警觉性会提升，反应时间因此缩短；它也可以增进你的专注力；你的血压也会些许地升高；你的心跳可能会加快（但对于长期使用的人来说反而会降低心率）；对脑部的影响除了增加心智的敏感度外，脑部血流也会增加。②

一旦咖啡因被锁在这些腺苷的受体上，一切都会看起来很美好，没什么任务看起来是无法克服的。你的呼吸会变得深且舒缓。既然感觉这

---

① chocolate liquor，学名是生可可，是从可可豆里萃取出的产品。而生可可加工干燥后就是我们看到的可可，并去除了其中的脂肪；巧克力则是我们平常食用的产品，从浓烈的黑巧克力到稀释后的牛奶巧克力，不一而足。

② 脑部血流增加会使微血管扩张，而咖啡因上瘾者突然戒除时带来的反弹效应，也就是上述情形的相反情况，会使他们在戒断后发生让人害怕的头痛。

么良好，何不再来一份这样神奇的仙丹呢？

　　事实没有想象中的那么好。上述的"甜蜜点"（sweet spot），也就是让生理和心理维持在最佳状态的范围没那么宽，很容易就不小心超过。咖啡因的研究家斯科特·基尔戈尔（Scott Killgore）告诉我，咖啡因能做的不只是阻断腺苷而已，它对于人体和心理能带来很多不同的影响。"高一点的剂量可以改变你的心跳速率。你的心跳可能会因此增快，或心跳过速……你会感觉你的心脏跳得非常用力或跳得非常快，有时甚至会突然漏跳一下。当出现这样的情况，就是在暗示你的饮食里可能有过多的咖啡因，而你需要开始减量。"斯科特这样跟我说。

　　另一个咖啡因过量使用的线索，是使用者的情绪变差。"过量的咖啡因会让你变得躁动不安，使你跟别人相处应对时容易动怒。"基尔戈尔如是说。意识混乱跟躁动易怒也可以是咖啡因戒断产生的症状。

　　不过现在我们已经很难从巧克力中获得这么多的咖啡因了。现在的巧克力大多被稀释过，而且还有很多更受欢迎的咖啡因获取方式。有个最近的分析告诉我们，美国人每天从巧克力中摄取咖啡因的量为2.3毫克（大概是我们摄取的咖啡因总剂量的1/10）。

可可庄园之旅

　　在伊萨帕人仍存在的年代，可可是城市里存在的唯一咖啡因来源。又热又湿的区域非常适合种植可可树。当时对可可的需求是如此之大，历史学家甚至猜测这是伊萨帕人之所以这么富裕的原因。如今的伊萨帕可可果园并不像西方传统意义上的农场。这种果园是育有多种谷物的林业生态系统——从树冠层的高酪梨树和马米果，到长在森林底层的可可树都有。这是种古老且将不复存在的耕种技术。

在一个风光明媚的早晨，我在塔帕丘拉的一个有机小农联盟"红色玛雅"（Red Maya CASFA）遇到鲁比·委拉斯凯兹·托利多。我们一起出发，参加种植可可的庄园之旅。

出发前我已在饭店吃过一点简单的早餐——新鲜的面包卷、由当地杧果、木瓜、菠萝及香蕉做的水果色拉，还有几杯牛奶加咖啡。但当我们在高速公路上时，委拉斯凯兹建议我们多尝尝鲜，试试当地的可可文化。

他将自己那台历经沧桑的福特汽车停在路边的小店旁。那间小店有着干净的水泥地板、金属屋顶，两侧还有开放空间。两位女士就站在那里，随时准备好兜售以可可为基底的泡泡汤（pozol）。

泡泡汤是种流传已久的综合汤饮，由可可和泡过的粗玉米粉混合在一起。为了准备这款饮料，女人们会将可可及玉米粉揉成比棒球还小一点的球状，然后将其放入杯中，倒入水。接着用木制的宽汤匙用力搅拌，加入几勺黏稠的蔗糖，最后加几颗冰块就完成了。

泡泡汤跟巧克力奶昔的颜色相近，质地浓稠绵密，能让舌尖充分感受可可带来的丝滑感。委拉斯凯兹表示，这款饮料很受劳工的欢迎，因为玉米和可可豆所含有的营养，加上咖啡因带来的兴奋效果，可确保你到晚上前都不用再进食。而这碗汤饮只要8比索，差不多等于60美分。

除了泡泡汤以外，这个地区还有其他可可和玉米做的饮料。珍宁·卡斯柯（Janine Gasco）是加州的人类学家，同时也是位研究索科努斯科可可文化的专家。她在我开始旅行前告诉我一些相关的文化背景，并建议我应该去找塔斯卡雷（tascalate）这款饮料。做了些功课后，我在塔帕丘拉宪法广场旁的一家餐厅菜单上找到了这道料理。它是由可可和烘烤过的玉米粒混合成的美味料理，用当地的染色剂染成红色，冰镇后饮用。塔斯卡雷喝起来带有颗粒感，有点玉米粉薄烙饼的风味。饮用时脑中浮现出的画面，仿佛是沾了巧克力牛奶的玉米薄烙饼，但在嘴里的味道可是天壤之别——可可和玉米的味道微妙且难以捉摸，混合起来却又风味浓郁。

如果不添加随着欧洲人的征服掳掠而带来的新物品——糖，这种饮料喝起来就会像伊萨帕人、玛雅人及阿兹特克人所喜爱的带有泡沫的巧克力。

委拉斯凯兹带着我从泡泡汤的路边小店沿着农村间的泥土路一路走下去。此处接近"阿亚拉计划"（Plan de Ayala）①中的城镇。这几个村庄的特色包括稻草铺盖屋顶的简陋小屋、公鸡、驴子，不时可见骨瘦如柴的狗沿着布满尘土的道路不停嗅闻。

委拉斯凯兹将车子停在路边，伸手指向一丛传统的可可树丛，也就是我们可以轻易想象的热带丛林——长满绿色的植物、充满异国风情的鸟叫，还有各式各样诡异的爬虫隐身在下层林木的潮湿阴影下。西洋杉、橡木、鳄梨树及杧果树在上方摇曳生姿，而可可树则被庇荫其下。

可可是矮小的树种，但就算是业余的博物学者也能轻易地辨认出来，因为可可的果实很有特色——绿色、美式足球形状的豆荚，直接从树干上长出来，就像是苏斯博士（Dr. Seuss）②会画出来的树。

---

① 墨西哥革命家埃米利亚诺·萨帕塔（Emiliano Zapata）的改革计划。
② 苏斯博士，出生于 1904 年 3 月 2 日，20 世纪最卓越的儿童文学家、教育家。——编者注

　　委拉斯凯兹说这就是传统老派的种植方法，树丛中有多样性的植物，可提供不同的果实。每层植物都可供给经济作物或粮食作物——水果、木柴及巧克力。接着他指向路的另一头，树木完全被砍伐，新种植的甘蔗正从土壤中茁壮生长。而直到去年为止，这块土地都还在种植可可。我们回到车上继续赶路，在每个庄园都听到类似的故事：绵延不断的土地先前种满了可可树，但现在都被清除，改种棕榈树、甘蔗，还有大豆类的谷物及木瓜之类的水果。这些大规模的单一作物栽培模式通常都由国外的农作物产业巨擘所采用。一旦作物收成后，土地会变得干燥贫瘠，就算是每年降雨量达100英寸（约合254厘米）的这里，土壤还是需要灌溉。

　　午休时，委拉斯凯兹跟我抵达恰帕斯州可可庄园之旅的最后一站：芬诺圣何塞巧克力公司（Chocolates Finos San Jose），这个小公司位于一块干净的空地上。

　　委拉斯凯兹将车子停好，四周杳无人烟。我们走向一旁的房屋，在茅草覆盖的凉亭下等待。丝丝凉风让我们尚能忍受周遭的热气。公鸡在不远处聚集，火鸡咯咯啼叫，无精打采的狗儿瘫软在尘土中；还有位打赤膊的老兄穿着卡其裤，腰系着绳子做的皮带，在10英尺（约合3.05米）外的吊床上打盹。隐约的墨西哥民谣歌声从邻近房屋的门窗缝隙中传出。

　　委拉斯凯兹很快地带着柏纳迪娜·克鲁兹从房子里走出来。克鲁兹是一位小庄园的女主人，她看起来十分疲累。事实上，前一天晚上她才做了一大批巧克力，这需要等到近半夜时才能开始，因为热可可的温度在那时才会稍微下降（巧克力在华氏90度〔约合32.2℃〕时会开始融化）。这也是巧克力长久以来的魅力所在——它在室温下时呈现固态，但一接触到舌头就会融化。

克鲁兹为我们打开通往巧克力工厂的大门。一走进去，我就闻到浓郁的巧克力香气，口水也不由自主开始分泌。此时我才注意到，除了7小时前饮用的泡泡汤，我从早上到现在都还没有进食，却一点也不觉得饿。

这座巧克力工厂的规模不大，其中一个房间摆着一台滚筒型烘焙机，另一个房间摆着研磨机和精炼机。克鲁兹亲手将完成的巧克力注入模具内。这完全是以人力完成的巧克力产品。她每天可产出20箱的巧克力棒，每年产量可达4吨。有些巧克力棒外销到意大利，有些卖到德国，部分则留在墨西哥，并销售到瓜达拉哈拉市。在玻璃罩着的冷却装置（就像是街角杂货店的那种双门式汽水冷藏柜）旁，克鲁兹给了我一些巧克力和可可碎仁的样品。

可可碎仁是烘烤过的巧克力的碎屑，比粗糙研磨过的咖啡颗粒稍大些。这种形式的可可容易保存且相对稳定，也因此常被当做未加工过的原料输出。可可碎仁尝起来也十分美味。由于可可内含有的脂肪尚未被榨出，口感发脆的可可碎片会带有丰沛的干果风味（可可油脂是可可果最宝贵的成分，脂肪从豆子里被萃取出来后，常被运用于化妆品及药品制造）。

我可以一整天都吃着新鲜烘焙过的有机可可碎仁。实在很难想象巧克力竟然可以演进到这样的形式，富含咖啡因的可可碎仁常让人误以为是摩登的牛奶巧克力。

巧克力产业

这几年来，有些人声称索科努斯科不只是巧克力文化的发源地，更是可可树的家乡。不过，美国农业部（USDA）的研究员从基因研究中发现，可可树最开始是从亚马孙河上游引进的。研究人员更进一步将可可区分成10个基因群组，各群组都有自己集中生长的小区域。根据他们的论点，可可树一开始是种植在秘鲁北部及哥伦比亚的南部，当地人可能是为了酿制啤酒而需要可可的甜蜜果实（果仁本身反而不是当时看重的目标）。接着，在数千年前，该果实一路向北被带到索科努斯科。我们可以确定的是，可可首先在索科努斯科这个地方被制成巧克力。

玛氏食品公司（Mars Inc.）赞助了该基因研究。科学对于触角伸往全世界的巧克力产业是很必要的。西非地区目前有全世界最大的可可产量，且仍在持续上升——2011年时产量达473万吨。可可的收获量从1960年至今已翻涨超过3倍，其中非洲占了大宗。非洲的可可产量约是美洲所有国家总产量的6倍，光是科特迪瓦的产量就是这些国家的3倍。（非洲的可可产业能有这么大的生产力，部分要归因于雇用童工，反对人士正不停督促好时及雀巢集团更积极地摒弃这样的陋习。）

此外，两种会摧毁可可树的疾病——黑斑病（frosty pod rot）和簇叶病（Witches'broom）最近正横扫巴西的可可产业，尚未侵袭到非洲。但非洲其他植物所特有的疾病极有可能视可可为下一个可口的宿主，迟早有一天会给新世界的谷物带来不可逆的大浩劫。当前，黑斑病已降临恰帕斯州，且正进一步威胁伊萨帕周围的古老可可园。

在跟委拉斯凯兹逛完可可园的下午，我在塔帕丘拉的国际博览会舒缓疲劳的脚踝，啜饮着咖啡冰沙佐鲜奶油，背包里放着一磅当地巧克力，此时我才有时间细细阅读一些文献。首先是恰帕斯州政府正努力营造不会污染环境的产业。你以为他们说的是可可树吗？错了！他们说的是棕榈油！棕榈油是由非当地的非洲棕榈树生产出来，且可被出口，制成生物柴油。讽刺的是，恰帕斯州政府铲除了可可树园，改种棕榈树，为的是讨好更富裕国家的那些环保消费者。

爱德华·米勒德等几位天然资源保护者开始注意到保存可可树园所带来的环境效益。爱德华负责替雨林联盟（Rainforest Alliance）看管监控能永续利用的土地。他平常在伦敦工作，但当我好不容易找到他的踪迹并电话联络时，他正在哥斯达黎加参加会议。他表示雨林联盟之所以对可可树感兴趣，是因为这些树长在1700万英亩（约合688公顷）的土地上，而这块地对生物多样性而言是十分重要的。他说过去20多年来，一直有人要增加可可的产量，就算要牺牲像科特迪瓦这类的生态环境也在所不惜。但他相信近年来会越来越流行用传统方式种植可可，而他也欢迎这样的潮流。

"如果你有办法在下层林木间种植出大量的经济作物，且在同一个耕作系统内种植其他作物，你的微气候微生态都会因此稳定平衡，土地就会自行调节，给予你内含物丰富的堆肥，等等。这是个非常有可能实现的系统。"爱德华这样说。为了支持这种方法，雨林联盟开始认证通过永续法生产的巧克力。

在离开恰帕斯州之前，我回到塔帕丘拉的消费合作社见CEO何塞·阿吉拉尔·雷纳（Jorge Aguilar Reyna）一面。他的办公室在众多房间的后方，就像是野兔的地下洞穴般，开门朝向庭院。泥泞的土地上铺着木板当做走道，以覆盖着茅草的开放空间当做会议室，里面摆了张长桌。桌子上方是张标明可可产区的大地图，鉴定口味的可可报告则用大头针钉在厚夹板上，墙上还挂了幅圣母玛利亚的画。

阿吉拉尔说，他希望美国人不只是购买索科努斯科的巧克力，而是要懂得去找含有高成分可可的巧克力。大部分索科努斯科地区出产的巧克力成品都含有30%~70%的巧克力，远比美国常见的牛奶巧克力棒浓得多。巧克力大厂舍弃了萃取后的可可脂，改用蓖麻油制成的乳化剂（聚蓖麻醇酸酯，PGPR）。阿吉拉尔认为，这完全展现了"黑心文化"，不只对消费者有害，也让可可农夫遭殃。

阿吉拉尔的担心切中要害。就算是巧克力文化摇篮的中美洲太平洋沿岸，商店内销售的高档糖果棒也是好时公司所产的。

离开阿吉拉尔的办公室时，我注意到他办公桌的一角有两个塑料袋：一个装着绿色的咖啡豆，另一个装满未烘焙过的干燥咖啡豆。实在难以抗拒好奇心，我询问他咖啡豆可否就这样直接食用。"当然。"他回答道，并顺手将一颗咖啡豆放入嘴内，然后将其中一袋递给我。我抓了颗咖啡豆，仔细咀嚼，意外地发现味道有点像坚果，也有一点苦，但是美味极了。

索科努斯科不只传承了最古老的咖啡因传统，更体现了咖啡因的发展趋势。从茶、咖啡到咖啡因粉末，咖啡因的发展正朝着两条不同的道路前进。其中一条以精品美食、纯手工、单一产区为号召，正获得许多美食家和守旧消费者的关注。而另一条发展大规模的咖啡因销售机制，也正日益茁壮。不用怀疑，就算精品咖啡前景看好，后者仍占了销售量的大宗。

当纯手工、单一产区的巧克力越来越受欢迎的同时，索科努斯科的巧克力更受到美国巧克力商的关注。密苏里州的阿斯库西（Askinosie）巧克力公司和马萨诸塞州的塔扎（Taza）巧克力公司用纯正的索科努斯科可可生产限量的巧克力棒。富含可可的黑巧克力棒里头所含有的，不只是比市售牛奶巧克力还多的咖啡因，更充满了有益健康的抗氧化物质，叫作黄酮醇（flavonol）。

　　倡导食用天然食物的拥护者近来也对可可豆产生了浓厚的兴趣，甚至将其塑造成仙丹。有位意志坚强的德国探险家亚历山大·冯·洪保（Alexander von Humboldt），曾在19世纪频繁且大范围地探索美洲地区（也将见闻撰写成多部巨著），他是这么说的："咖啡豆可以说是项奇迹，从来没见过哪样东西能像它一样将大自然丰沛的精华浓缩在这么小的空间内。"

　　正当美国人逐渐被精美的黑巧克力棒所吸引时，好时公司也正试着从中分杯羹。该公司买下了两家西岸的巧克力工厂夏芬伯格（Scharffen Berger）跟神庙（Dagoba），关闭了厂房，并将产品生产线集中到美国中西部（巧克力棒看起来仍像是本地生产的，且产品标签皆未提到好时公司）。和好时公司其他常见的巧克力棒不同的是，这些巧克力棒能提供更强烈更大量的咖啡因。

　　虽然巧克力内的咖啡因常遭人忽略，但巧克力一直是受欢迎的改变新陈代谢的物质。乔·葛伦·布雷娜（Joël Glenn Brenner）在她关于好时及玛氏公司的书里是这样说的："如今当我们谈到巧克力时，仍像是提到某种药物一样。它是如此容易让人上瘾，充满罪恶与邪恶的浓郁。我们渴望得到它，过量地食用它，然后又因戒断感到痛苦。'一剂'巧克力足以舒缓抑郁并减轻焦虑感。它让使用者更有体力与耐力，简直是正餐间完美的提神神物。"

　　布雷娜所描述的也适用于我在路边买的泡泡汤。远在"巧克力成瘾者"（chocoholics）这个词流行以前，巧克力爱好者就已经用当今咖啡消费者熟悉的词汇，来描述成瘾的习惯与咖啡因所带来的刺激性。

托马斯·盖奇（Thomas Gage）是一位坚韧不拔的流亡传教士，他在17世纪时穿越墨西哥及危地马拉，并在他的著作《新世界的旅程》（*Travels in the New World*）中详细记述了巧克力的准备过程。他写自己如何食用巧克力，读来妙趣横生："坦白说，我自己12年来从不间断地摄取巧克力，早上喝一杯，晚餐前9点到10点间喝一杯，晚餐后或饭后一小时再来一杯，有时候会在下午4点至5点间喝一杯。当我必须熬夜念书时，会在晚上7点或8点另外点一杯，好让我能维持清醒到半夜。"

早在咖啡因这个词被广泛使用前的一个世纪，盖奇在书中就有这样的记录，当时他显然已经知道此饮料所具有的提神作用。但太平洋几千英里以外的中国人，却早早将他甩在后头。

第二章　中国的茶

马连道的茶文化

　　林玲明（音）女士个头娇小、沉默寡言，但脸上随时带着亲和力十足的笑容。她邀请我坐上一把木制椅子，椅子前的桌上摆满了乱中有序的茶具组。

　　她用木勺从柳条编制的罐子里盛出了些茶叶，这是2006年产自云南省的陈年普洱茶。她面前有张深色木材雕刻而成的托盘，称作"茶海"。茶海的角上刻了只"茶宠"，看起来像只蟾蜍，但有张佛陀一样微笑的脸。林小姐的茶宠是龙王的儿子"狻猊"。

　　她用后方小橱柜上的电热水壶将水加热，倒了些热水在茶壶中，接着把水像是在进行什么仪式似地，依序倒入装满茶叶的小碗、茶海及茶宠上，甚至浇了些在花生上。然后林女士为我和我的伙伴们奉上茶水，他们是凌埃达（音）和谢元成（音），分别是茶道专家以及《北京青年报》的编辑。

整个泡茶的过程庄重且富有仪式性，大都是古代流传下来的习俗，这样的饮茶习惯几千年来已深深嵌入亚洲文化里。索科努斯科人也许能声称自己是史上最早服用咖啡因的民族，但说到把咖啡因结合神话传统（并延续了5000年），中国人当之无愧。

根据民间传说，神农氏在烧热水时，有些许茶叶被风吹进壶中。他喝下了茶水，并注意到茶所带来的兴奋效果，饮茶文化从此应运而生。值得注意的是，这则故事里，并不是茶叶的特殊风味或镇静效果让神农氏注意到此植物，而是咖啡因带来的刺激使它获得关注①。

想知道饮茶文化在过去这个世纪发展的规模有多大，一探林女士店面所在的北京西南角，多少有助于解答我们的疑惑。

林的商店位于马连道，这条街也被称为茶街。此处为世界上最大的茶叶市集，在数个街口内就开了超过3000家茶行。走过这些商店时，店家殷勤问候，示意你品尝他们的产品。若你真的踏入店内，可不能匆匆就将茶一饮而尽，而是要好好体验真正的饮茶文化，而不是拿茶包在热水里泡一泡。

当我们细细啜饮浓郁又带有些许烟熏风味的茶时，谢女士告诉我们，茶不只是中国最受欢迎的含咖啡因的饮品，更是日常生活中不可缺少的社交工具。在中国，享用茶基本上有三种方式：当友人来访时，为她奉茶是表达好客及欢迎的传统。也可以和朋友出门喝茶，就像美国人会跟朋友外出喝咖啡一样。还有更高档的，有些时髦的高级茶馆甚至会

---

① 神农氏是位勤奋多产的草木植物学家，对草药特别敏锐，后人甚至认为是他找到了麻黄、人参及大麻。

搭配精致的仪式性节目，包括展示艺术作品，演奏中国传统音乐与其他表演，让整个空间充满禅风美学。

林女士从茶壶里倒了更多热水到茶叶上，然后依序为我们斟茶。为了表示感谢，我们轻巧地以食指及中指轻敲桌面两下。（人们称为"叩指礼"，弯曲手指表示跪谢。）

谢元成告诉我们普洱茶对胃有益，对女性更有好处，因为"普洱性暖，而女性属寒"。中国过年的时候，如果人们吃得太多，或是在吃火锅时（一种又油又咸又辣的食物），他们会喝点普洱茶来去除毒素。林女士说普洱茶对老年人也有好处，因为可以帮他们控制血压。老一辈的中国人特别注重养生，因此将各种茶与时节搭配：春天时草本茶可协助驱赶病毒及其他疾病，保护我们的躯体；绿茶被归为属性偏冷，在夏天饮用让人感觉清凉；红茶跟熟茶在秋天跟冬天时可让我们的身体暖和起来。

但我对茶中的咖啡因仍感到好奇。它所带来的效果在这几十年间已广为人知。艾伯特·尼科尔斯（Albert G. Nicholls）在1931年的一篇文章中是这么说的："也许我们可以在这波饮茶的流行浪潮中，了解咖啡因对中枢神经系统，特别是精神心理功能所造成的影响。'脑袋变得更灵敏，思绪更敏捷迅速，而疲劳跟嗜睡的感觉消失得无影无踪。'药理学界的权威库施尼（Arthur Robertson Cushny）如是说。而咖啡因对体能的增强，则已在行军中的士兵身上反复得到印证。"

所以我问了谢女士跟林女士对于茶中咖啡因的看法。谢元成表示："我们喝茶不只是为了保持清醒。"但林则持不一样的看法，因为最近才有些北京来的年轻学者询问她哪种茶最适合作为兴奋剂。

茶与咖啡因

　　有个美国人针对咖啡因提出了不同的观点与疑问。布鲁斯·戈德伯格（Bruce Goldberger）应该可以在HBO剧集《火线重案组》里胜任其中一个角色。他是位法院的毒理学家，先前在巴尔的摩协助司法调查，常受聘调查受害者血液里的致命药物是否过量。他现在的办公室位于佛罗里达州的盖恩斯维尔。他在电话中这样形容自己的工作："我主要的工作都与死亡鉴定有关，包括医学单位或司法调查。我负责找出为何药物会致命的原因，并协助医检师厘清和确认致死的原因和过程。"

　　戈德伯格进一步运用自己善于分析的脑袋，去思考一个更大的问题：我们从饮料中到底摄取了多少咖啡因？这个计划源于他与朋友的对话。"她在巴尔的摩的咖啡馆工作，店里会提供含2~3倍咖啡因的拿铁给消费者，而这些顾客可能一天会进来消费三四次，"戈德伯格这样说道，"这完全激发我的好奇心：他们一天到底喝下了多少咖啡因？"

　　一开始，戈德伯格先仔细阅读包装上的咖啡因成分，接着研究一系列含咖啡因的产品，尝试解开咖啡因的功效。

　　在2008年一篇关于茶的研究中，戈德伯格发现咖啡因的含量会随着茶叶浸泡时间的拉长而增加。所以一包立顿茶包浸泡1分钟后仅能析出17毫克的咖啡因；但3分钟后可析出38毫克，5分钟后甚至能高达57毫克。大部分浸泡3分钟的茶大约含有25~50毫克的咖啡因，也就是标准咖啡因剂量的一半。令人讶异的是，戈德伯格的发现和我们先前认知的"绿茶的咖啡因比红茶少"互相抵触。中国绿茶包所含的咖啡因比川宁（Twinings，英国著名茶品牌）的格雷伯爵茶或英国早餐茶还多。

戈德伯格跟他的同事发现，在他们所分析的产品里，只有立顿将每份产品所含的咖啡因毫克数标示出来。报告中提到："立顿公司表示，自家红茶的咖啡因含量每份为55毫克，而无咖啡因产品每份的含量为5毫克。这结果和我们的研究结论一致，也就是在产品包装上清楚标示咖啡因含量，对期望能限制咖啡因摄取量的消费者而言，是十分重要的。"

也许是因为包装上常缺乏咖啡因的量化信息，当戈德伯格的研究样本越来越多时，他意识到大多数人其实对咖啡因所知不多。

"这个疑问过去10年一直萦绕在我心头，我发现人们真的很天真。他们知道饮料里含有咖啡因，却没有办法控制摄取量。最好的量具就是拿出含有200毫克咖啡因的No-Doz药丸。大部分人都会说'我才不想吃这个No-Doz药丸呢！疯了才吃这个'。但即使如此，他们还是会每天继续喝2～3杯星巴克咖啡——加起来每天会摄取超过1克的咖啡因。所以，人们真的不了解，或者无法用数字管理自己所摄取的咖啡因含量。"

我相信无法明确估计咖啡因的摄取量是民众对咖啡因认知有误的原因。有些品茶者将喝茶带来的美好愉快感归功于咖啡因，甚至将这个效果称为"兴奋狂潮"，但这其实是茶中另一项化学物质茶氨酸（Theanine）所产生的镇静效果。

茶氨酸确实可以对心智功能带来影响。几个近期的研究已证实，咖啡因加上茶氨酸，比只服用咖啡因更可改善情绪与警觉性。容易焦虑的人只要服用高剂量的茶氨酸（不包括咖啡因），就可提升警觉性。但茶氨酸显然不是种惰性物质，而且在自然界中只能与咖啡因共同存在。

茶氨酸是否为一种具镇静效果的物质，目前的科学文献仍无法证实，但为了从中获利，日本的研究团队尝试用茶氨酸来化解咖啡因的兴奋效果，还真的申请到了专利。他们的方法是从茶中萃取茶氨酸，然后将其混入咖啡中，好让那些对咖啡因特别敏感的人能享受咖啡的香气及风味，而不会轻易地兴奋过头。（其实饮用无咖啡因的咖啡才是更简单且有效的解决方法。）

我的疑问是：咖啡的兴奋狂潮与茶的愉快感之间的主要差异跟咖啡因含量到底有没有关联性。一杯6盎司的咖啡含有一份或更多的SCAD，很容易就超过6盎司茶所含有咖啡因的两倍以上。和茶相比，咖啡一直以来都是比较强的兴奋剂，如果这样的刺激不是你所追求的，那你就比较能体会为什么我们要将之称为狂潮的原因。

无论咖啡因所带来的陶醉感是什么，茶仍只占了美国总咖啡因摄取剂量的一小部分。平均来说，美国人每天大概只从茶中摄取24毫克的咖啡因，仅占了每日总咖啡因摄取量的1/10。他们光是每天从软性饮料里摄入的咖啡因就是这个剂量的两倍，而咖啡更提供了6倍以上的含量。

只要讨论到饮茶习惯，我们就不可免俗地要提到英国茶。根据历史故事说的，美国人喜爱咖啡而对茶反感，可能跟所谓的爱国精神有关，也就是催化国家产生的"波士顿倾茶事件"所带来的残存记忆。拿这个没有事实根据的观点来做解释很方便，但很多真相会因此被埋没。咖啡在建国初期能吸引美国人，因为它们大部分由海地的奴隶劳工生产，唾手可得，且不用与英国贸易商起冲突就能获得。

任何人都会告诉你英国人至今仍跟茶密不可分，但这只说对了一半。虽然就量来说，英国人喝的茶还是比咖啡多，但他们现在从咖啡中摄取的咖啡因已超过茶。而让人感到讶异的是，如今英国人的生活饮食里，可乐跟能量饮料所提供的咖啡因已跟茶不相上下，分别为每日34毫克及36毫克。

不同国家的饮茶文化

受杨舒涵（音）的品茶邀约，我们从林女士的店出来，穿过街到对面的雅香茶行小坐。她为我们倒了些铁观音，这是种带有特殊花香的乌龙茶。

所有的真正的茶（和草本茶明显不同）都源自于相同的植物——茶树。这种单一茶树可根据加工过程的不同而产出绿茶或红茶。绿茶由未经发酵的茶叶炒制而成，红茶则用的是发酵过的茶叶，而乌龙茶则用部分发酵的茶叶。

接下来，我们品尝了一种叫作金骏眉的红茶。它是完全发酵的茶种，闻起来浓郁带有特别的味道，就像番薯一样。然后我们又试了2005年烘焙的乌龙茶，叫作大红袍。此茶每年会被拿出来反复高温慢烘焙，以带出茶的甘醇后韵。杨女士在无瑕的透明茶杯里倒入茶水，然后将其对着灯光举起，透过光线，我们隐约可见水中如羽毛般的细小颗粒，这是高质量茶所具备的特征之一。

杨女士跟谢女士以中文快速地讨论各式茶种，以及花哨名称背后的故事。我们当天所品尝的茶，都被烘干成稀松细小的颗粒状物，跟在美国一般常卖的叶状或叶子碎片的散茶不同。一旦过水后，这些蜷曲的颗粒状茶叶就会完全舒展开来。谢女士接着和我们分享她在一本茶著作中的见解：我们的人生就如同茶叶，会随时间演变、舒展。

我们简单地聊了一下即饮的瓶装茶。谢女士说她绝对不会去买这类的产品，杨女士也表示认同："这些都是用剩的茶叶泡制，而且都有人工添加剂。"这些添加剂常包括糖精、山梨酸钾以及其他防腐剂，让瓶装茶不像冰茶，反倒像是软性饮料。

她们说几家大的西方国家茶叶公司也使用残余的茶叶及茶末。这所言不假，大部分美国茶叶公司所用的原料，在中国或印度可能是不符合标准的，因为原料里包含的是被撕碎的茶叶，而非完整的叶片。但由于多数茶都是由茶包浸泡而来，较小的叶片对许多西方的茶叶经销商而言反而比较方便，且这不一定代表泡出来的茶质量低下。

"茶包非常方便、随手可得，但真正的爱茶者不那么偏好茶包，"谢女士说，"茶包代表的是'快餐'的生活态度，而中国人喜爱的是未经加工、不含人工添加剂的食物。"

随后我与尤金·阿米奇聊天。这位美国茶叶进口商大致向我描述了饮茶文化间截然不同的差异："在美国，你只需在销售机里投枚硬币，转开瓶盖就可以大口享用。但对中国人而言，品茶需要花上整个下午。"

阿米奇表示，这个国家里绝大多数被消耗的茶跟我们想象中的很不一样。在我们的观念中，茶就是把茶包浸在茶杯中的热水里，但这里85%的茶被拿来做冰茶。冰茶可被瓶装，或装在大水壶中加糖做成"甜茶"（通常用茶包调制，但这些茶包跟笔记本电脑一样大，一次就可泡出4加仑的茶），在南方的餐厅里拿来润喉用。

活力新产品

根据美国茶叶商会统计，茶叶每年的消耗量正稳定地增长。光是

2011年，美国进口的茶叶量就比英国还多。而即饮型的罐装茶（又称作RTD，Ready to Drink）占了销售量成长的大部分。

2001~2011年之间，即饮茶的销售量增长了17倍，光是2011年的销售额就超过35亿美元。

正当碳酸饮料缓慢地从1998年的销售巅峰走下坡路时，瓶装茶品的生意正开始起飞。部分可能是因为民众意识到喝瓶装茶比较健康，而开始改掉喝碳酸饮料的习惯。但实际上，有些瓶装茶所添加的糖反而比可乐还多，几乎抵消了茶所带来的好处。总而言之，瓶装茶很快就发展成为世界性的软性饮料产业。

在软性饮料的黄金时代1998年，塞思·戈德曼（Seth Goldman）创立了诚实茶（Honest Tea）公司，专门销售有机的瓶装茶（他甚至打趣地称自己为茶EO）。这公司像野火般红遍全球，可口可乐公司很快就注意到了，并在2011年将其并购。

星巴克在2008年跟百事以及联合利华公司合作，以泰舒为产品名（星巴克在1999年将其购入），一同装瓶、销售、经销瓶装茶。而百事及联合利华更早已合伙投资，以百事立顿红茶合资公司的名义生产瓶装茶，在瓶装茶的销售领域遥遥领先、独占鳌头。

在这些大量销售的茶制品于商场上所向披靡的同时，精品茶也日益生辉。作为未来发展的一项划时代指标，莎拉·李（Sara Lee）于2012年并购了Tea Forte这家麻省的公司，并于新闻稿里声明，公司将致力于生产"超优质"和"风尚的"茶叶产品。虽然将精品茶装在茶包里销售似乎不那么恰当，但Tea Forte表示，自己使用的并不是普通茶包，而是一种特殊的"金字塔形浸泡器"，并且以"世上最健康的饮料"作为营销卖点。

正是瓶装茶、一壶壶的甜茶以及精品茶这样的新产品将一股活力带进美国的茶产业中。这些产品让茶带有美国量小质精的咖啡因剂量。它们依旧是茶，且仍含有咖啡因，虽然看起来和马连道茶街的茶相去甚远，但本质上是差不多的。

在朦胧的暮光下，外头的交通于晚高峰时刻完全瘫痪，这时我们悄悄离开马连道，途中经过一间面对着街道转角的商店。这家店销售瓶装的立顿茶饮、瓶装的可口可乐、罐装咖啡以及红牛提神饮料。后方凌乱的架子上，电视正播放红牛赞助的跳伞特技影片。到底是我们路过时刚好播出，还是店家在反复地播放？我们匆匆地离去，没有继续深究。

第三章　咖啡的风靡

高山上的原产咖啡

在加勒比海南缘的北哥伦比亚，耸立着入云的山脉——圣玛尔塔内华达山脉。由冰河覆盖的山峰高达19000英尺（约合5791米），不过其山脚离沙滩海岸仅仅25英里（约合40千米）。想象迈阿密南滩的帝国艺术酒店后方升起德纳里峰（Denali，北美最高峰），读者就可以了解那景色有多么华丽。

这片山脉的用途很多，生长着大麻跟可可，孕育出稀有与多样的自然生态，还可以窝藏亡命之徒。从雪地往海滩的方向一路走，会先看到高海拔植物，接着是潮湿多雾的森林，那可是数十种原生鸟类跟蛙类的家。此外，这片森林也是原住民部落隐秘的保护区，纯朴的住民都是远古泰罗纳（Tairona）文明的后代。

在遥远山谷地带的正下方，有1000英亩（约合405公顷）以上的神秘古柯叶田，有两帮非法人士照料，这两派死对头分别是左翼的游击队员跟嗜杀的准军事组织，他们共享这片土地。可卡因盛行之前，这块区域以生产高质量的大麻出名，还被称为圣玛尔塔的黄金。不过大麻跟可卡因可不是这里唯二产出的药物。

站在山腰布满车轮痕迹的泥泞道路上，戴维·卡斯蒂利亚这位农夫用长满茧的手掌，捧着满满的豆子向我展示。每颗淡黄色的豆子差不多是小花生米的大小。这块中央微微隆起的区域刚好混合了适当的降雨量以及强烈的热带阳光，使得咖啡豆可以在矮小却绿意盎然的树上果实累累。

咖啡豆就跟古柯叶一样，富含影响精神状态的生物碱复合物，这简单的碳、氢、氮及氧的混合物可以被轻易地提炼成带有苦味的白色粉末。卡斯蒂利亚手中捧着的咖啡豆中就包含着咖啡因，可以说是世上最受欢迎的药品。

如果不是含有咖啡因，咖啡树现在可能还只是生长在西非山丘上的灌木群。根据来路不明的故事所述，山羊们在咀嚼植物后突然开始跳起舞来。在好奇心的驱使下，一位牧羊人也尝了些这棵植物的果实，接着他感到兴奋，引吭高歌，还开始朗诵起诗歌。几百年来，人们用动物脂肪烘焙或拌煮，以几近原味的状态把它制成提神药丸。当时的人们咀嚼咖啡果实来提神醒脑，而非为了它的风味。的确，当代的咖啡尝起来很不赖。不过，这是在经过400年来对栽培、收获、烘焙及冲泡各方面去芜存菁和严格筛选后，才让咖啡一开始不甚宜人的原始味道，演变成现今香气浓郁且口感顺滑的饮料。如果不是咖啡因，从一开始根本就无人会去理睬这株植物。

咖啡及咖啡因之间的关联是具有历史意义的。最初德国科学家弗里德利布·龙格听从了友人大文豪歌德的指示，从咖啡中萃取咖啡因。两者间的关联性如此重要，以至于咖啡因的英文单词"caffeine"是由德文的咖啡"Kaffee"衍生而来。至今，咖啡及咖啡因间的关联仍密不可分。所有美国人的咖啡因摄取量（超过每天100毫克，略高于一份SCAD），大概有2/3来自于咖啡。我们这些每天都要喝咖啡的人则让统计有所偏差，因为我们所摄取的咖啡因远比其他美国人多，大概高于每天300毫克，也就是比4份SCAD稍高一些。总而言之，若你仔细去细分统计结果，咖啡无疑会是美国人最主要的咖啡因来源，而这也可以解释为何许多人常将咖啡跟咖啡因这两个词交替使用的原因。

卡斯蒂利亚带领我游览他的咖啡庄园，里面可见数十株带着光泽树叶、8～15英尺（约合4.6米）高的长青咖啡树，以半日照的方式栽种。其中几棵树有果实沿着树枝结果，这些果实在成熟后约有蔓越莓大小，颜色也和蔓越莓类似，而多汁厚实的果肉里包藏的种子就是咖啡豆。

上面提到的是阿拉比卡咖啡，它是埃塞俄比亚的本地品种，配合丰沛的雨量、充足的阳光以及窄小的温度变动范围，于高山上生长。阿拉比卡的柔顺口感近年来逐渐掳获美国人的心，许多精品咖啡的鉴赏家更是对它肯定有加。另一种市面上常见的品种为罗布斯塔，由于它比较强健且高产的特性，可在低海拔较温暖的地方生长。罗布斯塔常被混入商业咖啡豆中，例如福爵咖啡（Folgers）。但基本上所有的哥伦比亚咖啡都是阿拉比卡咖啡。

在简单绕过农场一圈后，我和一小群人一同坐在水泥阳台，而卡斯蒂利亚正在他的小房子旁将咖啡豆放在阳光下晒干。

卡斯蒂利亚拿出一个磨损了的破旧的铁罐，里面装着他用柴火两用烤炉烘焙的咖啡豆。他倒出一只手掌大小的分量，放入一个手摇研磨机上方的漏斗里，而研磨机嵌在一张木制的桌子上。他将豆子磨成细腻且深色的粉末，再将粉末倒入烤炉上一壶煮沸的热水里。之后他把浓郁又新鲜的咖啡斟满有缺口的瓷杯，请我品尝。

这杯咖啡称不上好喝，因为几乎所有哥伦比亚产的优质咖啡都被销往国外。哥伦比亚乡村常喝的咖啡，大部分是用卖剩的咖啡豆烘焙至焦黑并研磨成几近粉末后，再煮成烂泥状。你可以在随便一家邓肯（Dunkin' Donuts）甜甜圈或7-Eleven便利商店买到更好喝的咖啡，更别提在星巴克和树墩城咖啡（Stumptown）了。

但在哥伦比亚喝到的这杯咖啡，却是在我至今的人生中所喝到的最难以忘怀的咖啡之一。能啜饮在原产农场栽种、烘焙、研磨的咖啡是很难得的经验，一边聆听丛林里不绝于耳的虫鸣鸟叫，一边观看大只的蜂鸟盘旋于阳台旁的花朵藤蔓，从杧果树上方看过去，可见红头美洲鹫正在绵延至加勒比海的山丘上方滑翔。

我在整个风景的边缘处看到了某样东西的影子。透过树木间的空隙，可以见到有什么正在远处移动。那样东西正穿过马路。我竖起耳朵仔细聆听。由于身处几年前游击部队和准军事组织发生冲突的地区，我感到自己有些被害妄想。

路上移动的影子越来越清晰，伴随着的金属声响也越来越大声，很快地，我看到一个男人牵着一头驴子，从山丘上走下来。那头驴子扛着背架，上面堆着两个大粗麻布袋。在经过我们的时候，那大叔友善地朝我们挥了挥手，不带有任何威胁的意味。松了口气的同时，不知为何，我觉得这男人似曾相识。

不久之后，我就想起他为何如此面善的原因。这个男人的外形让人想起某个经典的形象，他在20世纪50年代咖啡产业萧条时出现，将要解救众生，也有一顶白帽跟骏马，不过并没有跨坐其上，而是在旁牵着。此外，他牵着的不是匹马，而是头驴子。你现在大概可以猜到，这位民间英雄就是胡安·瓦尔德兹（Juan Valdez），他是恒美广告公司（Doyle Dane Bernbach）在1960年替哥伦比亚咖啡种植者联盟（National Federation of Coffee Growers of Colombia）创作出来的角色。

这个由哥伦比亚咖啡种植者及麦迪逊大道上的广告商所组成的同盟，起源于一个悲惨的窘境——咖啡市场所遇到的销售危机。但这点似乎有违我们认知的常理。美国人对精品咖啡的爱好显而易见（每个街角都可见的星巴克就是最好的例子），我们的爷爷奶奶辈喝的咖啡应该比我们还要多上许多。

咖啡产业的沉浮

美国人对咖啡的需求在第二次世界大战期间达到高峰。当时，咖啡在与其他饮品的竞赛上势如破竹。美国人每年会喝46加仑（约合174升）的咖啡，也就是将近每人20磅的咖啡豆消耗量。军人会用搪瓷铁杯喝咖啡，而像铆钉女工罗茜（Rosie the Riveter）这些爱国工人也会在休息时来上几杯。墨水痕乐团（Ink Spot）在广播中演奏《咖啡王子》（*Java Jive*），弗兰克·西纳特拉（Frank Sinatra）更如此唱着："远在巴西人居住的地方／数十亿的咖啡豆冒出头／得找来更多额外的杯子才装得完／哇，巴西人的咖啡真是太多了。"（《咖啡之歌》〔*The Coffee Song*〕）。

随着咖啡热潮达到高峰，泛美咖啡局（Pan American Coffee Bureau）在1952年的大型广告宣传中创造了"咖啡时间"（coffee break）这个名词，还赚了大把钞票。《咖啡万岁》（*Uncommon Grounds*）的作者潘德格拉斯（Mark Pendergrast）在书中写道："国人在战备生产时就开始有这个习惯，泛美咖啡局则赋予它正式的名称及法律上的认可，工作人员可以在咖啡时间喘口气，并从咖啡因中提振精神。"很快地，美国许多公司开始将咖啡时间列为正式的制度。

在20世纪50年代晚期，咖啡质量与产量皆达到量产的水平，但受到可乐及其他含咖啡因的软性饮料竞争的影响，销售量开始下滑，使得产品供过于求，价格直线下降。在哥伦比亚，咖啡豆的价钱甚至跌了五成。

一位在哥伦比亚卡利市的年轻美国新闻记者于1963年的夏天写了封信给他在《国家观察者》（*National Observer*）的编辑。信中如此描述："关于哥伦比亚咖啡在国际市场上的价格，我先前传给你的估价是正确的，但还不及我下面要说的变化来得惊人：1954年的价格是每磅90分美元，到1962年时只剩39分。如同我所强调的，哥伦比亚的出口收益77%有赖于咖啡。顺便说一句，出口收益中其余的15%是从石油买卖而来。而剩下的8%则是当地人开发'其他类型'产品的空间。除了咖啡及石油外所剩无几，对吧？就算有再聪明机灵的头脑，对此窘境也无计可施。"

当时只有少数美国人会注意到哥伦比亚这个国家，这位旅行到南美洲的记者，便是亨特·S·汤普森（Hunter S. Thompson）。他明确地指出咖啡产业一直存在的问题：和其他日用品相比，这个产业特别容易受到供过于求或产量不足的影响。

当时，20位咖啡消费者里头只有一位知道哥伦比亚是生产咖啡的国家，咖啡的生产国对消费者而言无关痛痒。那时的烘焙者不仅不会夸耀咖啡的产地，甚至还会避免提及，为的是有更大的空间能弹性调整综合咖啡里的比例。

也正是这时候，人们开始在报章及电视屏幕上发现胡安·瓦尔德兹的身影。这位穿着简单又有点自负的咖啡种植者向世人强调，农民为了种植出高质量咖啡付出了多大的用心，并展示农民是如何用双手摘取咖啡豆，然后在阳光下将其晒干的。瓦尔德兹区分哥伦比亚与其他地区咖啡间的差异，告诉美国人应该珍惜来自原产地及单一产地的咖啡。他因此成为了该时代广为人知的促销大使，与"万宝路男人"（Marlboro Man）及"面团宝宝"（Pillsbury Doughboy）齐名。

该广告成功奏效。哥伦比亚咖啡开始大卖，一时奇货可居，自此一路引发了星巴克时代的咖啡狂，他们不只能将喜欢的咖啡生产国倒背如流，甚至还能记住咖啡豆收成的产区及庄园。

瓦尔德兹创造了哥伦比亚咖啡品牌，为营销咖啡带来划时代的革新，但他所带来的影响不止于此。他的生平事迹后来成为营销精品咖啡的故事主线：温厚老实的农民在遥远的土地上辛勤耕作，为的是能自豪地向您展示杰出的咖啡。常伴随这个故事一起出现的，还有一幅经典的画面：长满茧的手掌捧着红色浆果，这些果实最后将成为您每日饮用的咖啡。[①]

图片里的手掌就如同卡斯蒂利亚半小时前为我们摘取咖啡豆的双手，现在它就撑在我身旁的木制桌子上，离我的咖啡杯不远。在那头驴

---

① 这种图片特别容易出现在杂志广告、绿山咖啡（Green Mountain Coffee Roasters）及星巴克的年报上。

子过马路的同时，卡斯蒂利亚帮忙倒了更多咖啡到我的杯子里。虽然过去几天我累坏了，但还是很快地在咖啡因产生效果的同时感到体内升起一股能量，穿越过脑中的血液，在我的神经突触上施展魔法，让我信心倍增。

在世界各个角落享用咖啡

在前来卡斯蒂利亚庄园的路途上，我搭了辆便车，在那辆拥挤的路虎车里与我同行的，是好几位正在游览哥伦比亚咖啡农场的泰国农业学者。有位当地咖啡合作社的代表充当导游，还有两位充满抱负的年轻公务员从麦德林市（Medellín）飞来，向这些学者解说雨林保护家族计划（Familias Guardabosques）。这个提案由哥伦比亚人发起，为的是促使农夫种植合法作物，以取代可卡因。

这几位哥伦比亚人在庭院里向泰国学者们描述与解释雨林保护计划，每个参与的家庭都可以获得每月100元的补助——这可不是意外之财，而是提供正面的条件——交换的条件是在未来的18个月内，不可以种植非法作物。其次，他们得种植其他具有经济价值的作物，像是咖啡及可可。已经有超过6万个家庭参与此计划。由于可卡因产业每年的产值高达数十亿，这项计划感觉渺如沧海之一粟，但别忘了，咖啡的产值每年也可达数十到数百亿美元呢！

这项产业的底层就是像卡斯蒂利亚所拥有的这类农场，每亩地可生产将近900磅的咖啡，但这单一一座农场只是整个全球咖啡因循环系统的微血管里的一颗小小血球。哥伦比亚每年生产10亿磅的咖啡，每年为国家赚进20亿的钞票。这在合法日用品的外销产值中，只比石油和煤炭稍低。

尽管哥伦比亚的咖啡已广为人知，还是只占了每年全世界咖啡产量（如今已超过190亿磅）的一小部分。这个量已足够装满100万辆砂石车，而这些砂石车若头接尾地停放，其长度等于从西雅图到波士顿，然后再从波士顿到洛杉矶的距离。这个产业的产值每年会超过700亿美元。

这庞大的产业就算称不上不可或缺，对许多美国民众而言也是十分重要的。我们每天平均会喝上将近三杯咖啡，要冲制这个量，美国在2012年进口了35亿磅咖啡，远远超过其他国家的进口量。美国人每年所饮用的咖啡量，可以装满超过6000个符合奥林匹克标准的泳池。

美国有超过一半的成年人每天都会饮用咖啡。大部分美国人应该都无法回想起最后一次没喝咖啡的日期，我们大概也觉得这种现象实属正常。到底是前者还是后者比较诡异呢？实在很难说得准。

有一次，我在酒吧里向一位老朋友询问她喝咖啡的习惯。她认为咖啡对她而言没什么大不了的，她只会在早晨喝上两杯咖啡。我接着问她最后一次早上没有喝咖啡是什么时候的事情。她停顿了一下，想了大概一分钟，喝了口啤酒，然后回答："我想大概是35年前的事了。"

世上不只有我们美国人热爱咖啡。在全世界的每个角落，人们都用自己的特别方法享用咖啡。在哥伦比亚，特别是在郊区，人们饮用一种以蔗糖加甜的小杯黑咖啡tinto（念TEEN-toe），这长久以来的习惯俨然已成为社交上的润滑剂。当在路上遇到老朋友时，当地人的第一句话通常是"来喝杯咖啡吧"。巴西人，特别是新兴市区的中产阶级，偏好一种小杯且强烈的咖啡，叫作"cafezinho"（葡萄牙文的小杯黑咖啡）。在整个拉丁美洲，许多人会以一大杯马克杯装的cafe con leche（咖啡拿铁，一半咖啡一半牛奶）来开始一天的行程。

在意大利，人们会站在吧台用小杯子将浓缩咖啡一饮而尽。如果坐下来就会被收取额外费用，所以大部分人都站着，手肘撑着吧台，一边看着咖啡师，一边欣赏窗外熙来攘往的街道，就这样享用着自己的咖啡。德国人也有类似的站着喝咖啡的习惯，这样的咖啡馆被称作"站着喝咖啡"。对当地人而言，这样简单快速且愉悦的例行公事，每天可以重复进行好几次。切记不要向柜台点外带的咖啡。

在西班牙，小小一杯浓烈的浓缩咖啡加上一点热牛奶，称作哥达多（cortado）。在西班牙文里，这个字的意思是切割，表示咖啡被牛奶切开。古巴人也习惯饮用这样的咖啡。古巴的流亡者将哥达多带到迈阿密，在旧市区里你仍可买到用保温杯装的哥达多。波多黎各也延续了饮用这款咖啡的习惯，你可以在群鸽环绕的公园里看到穿着巴拿马衫的老人们边聊天边喝着哥达多。

斯堪的纳维亚人偏好口感浓郁强烈的咖啡。瑞典、挪威、瑞士跟芬兰的居民们所喝的咖啡量甚至是美国人的两倍之多。一位瑞典人平均每年会喝掉1460杯咖啡。这也解释了斯蒂格·拉森为什么在他的畅销小说《龙文身的女孩》里，有上百个关于饮用咖啡的描述。

越南人比较喜爱罗布斯塔咖啡。和在树荫下生长且受美国人喜爱的阿拉比卡咖啡相比，罗布斯塔含有将近两倍的咖啡因量。这两种咖啡的关系密不可分，但罗布斯塔味道较苦涩，使它带有较强烈的风味，若加入些许浓缩牛乳，口感就会更圆润芳醇。同理也适用于泰国的咖啡。

速溶咖啡的原料通常是罗布斯塔咖啡豆，然后以三合一的形式，加入奶精粉跟糖以掩盖其苦涩味，最后封装于条型包装内。

　　日本则是亚洲国家里较为特立独行的，他们完全地接纳咖啡这款饮品。日本人强烈地偏好酸度低的阿拉比卡，特别是口味偏淡的哥伦比亚咖啡。他们进口质量优良的咖啡豆，在大木桶里酿制浸煮，再制成罐装饮料。夏天时可冰镇着喝，冬天时也可拿来加热。可口可乐公司每年向日本销售总价值超过10亿的罐装佐治亚（Georgia）咖啡。雀巢公司的圣玛尔塔金拉特咖啡（Santa Marta au lait）则是另一个受欢迎的罐装咖啡品牌，销往日本的咖啡几乎占了圣玛尔塔地区一半的产量。日本人对哥伦比亚咖啡的渴求是如此殷切，有家日本公司甚至在圣玛尔塔内华达山脉拥有好几座种植有机咖啡的大型农场。这些农场就坐落在卡斯蒂利亚家农场的西边。

　　在我们啜饮咖啡的同时，卡斯蒂利亚在阳光下的庭院中朗诵诗歌，恳求那些抛弃农庄奔向城镇的邻居回乡，他如此吟诵："我们的农庄是如此美丽，有世代更迭却仍然美丽的花朵，以及在清晨5点愉悦哼唱的鸟儿。"时间抓得真好，在他朗诵的同时，另一组扛着货物的驴子人马经过我们，朝着城市的方向前进。

　　我们很快又挤进路虎的车厢内，一路颠簸地跟在驴子后头，跟随卡斯蒂利亚咖啡园的风景来到狭窄的海岸边的平原。圣玛尔塔这座城市正坐落于加勒比海的边缘。

　　在返程的路上，我们造访了一家旅馆。经营的家庭一开始靠种植古柯叶为生，但现在已改种合法作物。旅馆主人法比奥拉·拉米雷斯为我准备了一杯tinto（一种红葡萄酒），他半开玩笑地表示老美应该比较喜欢喝可乐。

诱人的咖啡馆

隔天，当我在嘈杂混乱且散发异味的圣玛尔塔街道闲晃时，碰巧在一处树荫浓密的庭院发现了胡安·瓦尔德兹咖啡馆，为熙来攘往的城市喧嚣带来一丝宁静的气息。他们的顶级豆子经过中度烘焙，手冲滤出的咖啡美味得让人难以置信。

瓦尔德兹咖啡馆就像那些时髦的美国浓缩咖啡吧一样，由哥伦比亚咖啡种植者协会（National Federation of Growers of Colombia，FNC）所经营。在哥伦比亚人告诉美国人要珍惜咖啡原产地的同时，美国人提供了他们经营咖啡吧特有的"西雅图模式"。

像这类国际间的跨文化交流，其实可以追溯到几个世纪以前。咖啡馆一开始发迹于麦加，接着发扬到整个阿拉伯世界。在17世纪，咖啡馆的潮流已抵达意大利，且持续西行。在英国人转而拥戴茶叶之前，其实很快就接纳了咖啡文化；有间常受水手及商人光顾的咖啡馆，最终发展成为伦敦劳埃德保险经纪公司（Lloyd's Broker）。在咖啡文化于美国殖民地扎根的同时，筹划成立波士顿茶党的起义者，就是在一家青龙咖啡馆（Green Dragon Tavern）里起草文件。（咖啡至今仍可能煽动革命的烈火。在瓦尔德兹咖啡馆，一位留着长卷发的年轻型男就坐在我隔壁桌，身穿印有切格瓦拉肖像的T恤，读着《直到永远的胜利》〔*Hasta la Victoria Siempre*〕。）

欧洲的咖啡馆逐步转型成巴黎风咖啡馆，各国游子经常流连其中，战后有些店则转型成意式咖啡馆。意大利新移民乔托（Giovanni Giotta）将浓缩咖啡馆带到旧金山的北滩。"垮掉的一代"的诗人们就经常光顾他的的里雅斯特咖啡馆（Trieste）。在东岸的格林尼治村，浪荡不羁的垮掉一代与嬉皮风咖啡馆为咖啡馆风潮带来一股文艺气息。

当咖啡文化开始流行的同时，星巴克的CEO霍华德·舒尔茨（Howard Schultz）开始崭露头角。根据星巴克的官方资料，他的经历如下："当霍华德于1983年游经意大利时，开始着迷于意大利咖啡吧以及咖啡所带来的浪漫体验。他高瞻远瞩地将意大利的咖啡传统带回西雅图，在工作及家庭间创造了第三种可能的场合。"

舒尔茨了解咖啡馆的诱人之处。这也是为什么星巴克咖啡馆（就算当中有些是孤零零地立在购物中心停车场的柏油地上）跟唐恩都乐①或麦当劳相比，还是有些不同的原因。

舒尔茨改革了几项基本元素，重新塑造喝咖啡的气氛：柔和的光线、少用塑料装饰、悦耳的爵士音乐、扶手椅，最后再加上咖啡研磨浸煮产生的香气。

这是我们在讨论咖啡时所要提到的第二件事情：咖啡馆文化。它提供宁静的所在，让我们可以停下来喝杯咖啡，喘息片刻。

咖啡的复杂风味

我从咖啡馆出发，漫步走过两个街口，来到了岸边。从圣玛尔塔的

---

① 一家专业生产甜甜圈，提供现磨咖啡及其他烘焙产品的快餐连锁品牌。为美国十大快餐连锁品牌之一。——编者注

港口看出去，在那些渔民的船只后方，我可以看到许多大型的货船在货柜港口上货。有些船只正在搬运邻近农民生产给都乐公司（Dole）的香蕉，而优良的圣玛尔塔咖啡也正要从码头吊起。20英尺（约合6.1米）高的货柜里装满了250个6千克重的大麻布袋。

在这些货柜中，所有大麻袋里的咖啡豆所掺杂的是咖啡的活性成分。每袋咖啡里含有16000毫克的咖啡因。加起来，哥伦比亚每年将大约1600万磅的神奇药物，夹在咖啡豆中偷运出国。

好一段时间后，我带着紧张的心情来到危地马拉城。当时1500多名来自世界各地的咖啡种植者、出口商及专业人士群聚于此，共赴2010年世界咖啡大会。这个会议每5年才举办一次。会场盛况空前，来自四大洲的顶级的咖啡香气弥漫着整个展览会场。这绝对是咖啡爱好者梦中会出现的场景。

在接近大厅的入口处，一位苗条的褐发女郎身着紧身亮黄的喇叭裤连身装，正在发送赠品袋，里面装有墨西哥咖啡、小手册及镶有墨西哥咖啡馆标志的随行杯，三孔意式咖啡机正像侍从般努力工作。不远处危地马拉咖啡的出口商展示处，咖啡师正替所有前来的人斟上一杯浓缩咖啡。人群可谓万头攒动。

在房间的另一头，里克·莱茵哈特一边啜饮着咖啡，一边跟巴拿马的咖啡种植者弗朗西斯科·塞拉金谈话。莱恩哈特是位天性乐观快活的男人，留着时髦的八字胡（下唇也留了），他是美国精致咖啡协会（Specialty Coffee Association of America）的CEO。他不只了解塞拉辛农场里的咖啡树种类，对各品种的世系更是了如指掌，就像马贩熟悉种马的双亲一样。

整座大厅里的咖啡商彼此交换名片、笔记，与老友叙旧，并和他们分享到地球另一端的咖啡农场远征（称为"找寻原产地"）的故事。对咖啡因催化的愉悦感，消费者越来越买账。随着市场需求的增加，咖啡的价格也逐渐回稳，这趋势在发展中国家特别明显。这个大厅多少反映出美国各大城市的现况，和以往相比较，精品咖啡的质量更好、更便宜也更容易取得；曾经一度难以理解的专有名词，像是浓缩咖啡、拿铁和摩卡俨然已成为当代主流。精品咖啡的革新成功地让美国咖啡的摄取量有些许增加，在20世纪50年代逐步下滑后，于1995年增加了20%。

来自46个国家的人们齐聚这场会议。由于这场会议代表中美洲咖啡的关键经济价值，有三个国家的总统也出席参与：危地马拉总统阿尔瓦罗·科洛姆（Alvaro Colom）、萨尔瓦多总统毛里西奥·富内斯（Mauricio Funes），此外，看起来神采奕奕的洪都拉斯总统波尔菲里奥·洛沃（Porfirio Lobo）也没有缺席。他是位相当有自信的演说家，脸上总挂着十分亲切的笑容，让人相信他绝对能兑现誓下的诺言。萨尔瓦多前总统在军事政变时穿着睡衣被押送出境后，由洛沃取得政权。一旦洛沃的权力核心失势，科洛姆的政权也会岌岌可危。9个月前，一则有关咖啡农涉贿的隐秘丑闻被挖掘出来，差点逼得洛沃下台。

这则事件也吸引了咖啡顾问马克·奥弗利这类咖啡狂的目光，他任职于丹佛的卡拉地烘焙咖啡（Kaladi Coffee Roasters）。某天晚上用餐后，他向我解释，所谓的咖啡风味其实就是三个变项——强度、味道及香气的逻辑推演。了解之后，连未经训练过的味蕾都可以分辨得出咖啡间的差异。强度就是咖啡的骨干，是咖啡在嘴里的黏稠度及整体感觉。味道可以带有甜味、咸味、酸味或苦味。之后是最复杂的香气，光是香气就可有几十种排列组合。

为了帮助民众了解所尝所闻为何物，奥弗利研发出咖啡风味轮，且已成为业界的品饮标准。风味轮中展示了一系列香气的波谱，从轻烘焙（水果香气、草味、花香）、中烘焙（核果、焦糖、巧克力）到重烘焙（香料、碳粉、树脂）一路排序下去。对那些有意深入钻研的爱好者，上述每种风味还可以往下分成两类。以核果香气为例，可再分成偏麦芽或偏坚果，后者闻起来像杏仁或花生。

我喜欢低酸度咖啡常带有的柔顺中性风味（混合咖啡豆的业者也喜欢这类咖啡，因为大多数人比较容易接受）。但有些人觉得这样的口感说好听点是温和平淡，难听点就是枯燥乏味。严格的咖啡鉴赏家偏好高酸度咖啡所带有的明亮且类似水果的风味。

这些有趣且复杂的风味到底从何而来？一般来说，这些都是源于发育良好的咖啡豆，它们种植于高海拔地区肥沃的泥土中，获得农民的细心照顾。位于危地马拉安地瓜山谷里的圣巴斯提安大地（Finca San Sebastián）就专门出产这些优质咖啡豆。它位于热带区的高海拔地区，地上满是火山泥，最适合种植地球上最高质量的咖啡了。

安地瓜是一个著名的历史古城，离交通拥塞、乌烟瘴气、鱼龙混杂的危地马拉城仅有一小时车程，但当地的新鲜空气、殖民广场及保存良好的建筑物，让安地瓜像是位于一个完全不同的国家。安地瓜紧依于三个火山的下方，分别为阿卡特南戈火山（Volcán de Acatenango）、水火山（Volcán de Agua）以及富埃戈火山（Volcán de Fuego）。

在危地马拉城的一个会议上，我遇到了伊斯特多·法拉（Estuardo Falla），他是圣巴斯提安大地的第四代当家，并邀请我抽空参观他的农场。当天，法拉这位寡言且友善的年轻人，身着桃红色的马球衫及褪色的牛仔裤，在我提早抵达农场时，询问我是否愿意与其他访客们一同共进午餐。这些访客多是危地马拉、巴拿马及哥伦比亚来的咖啡种植者及经销商。我们在一栋一层楼高的建筑里用餐，其中一头墙后面就是厨房，而另一头多走两步阶梯上去是一个吧台。建筑物两端都有大面的窗户，正对着整齐划一芳草连天的前景，草地后不远处是一排排的咖啡树，而后方则耸立着火山群。此外，搭配上室内的母牛皮革地毯、粗制的皮椅、瓷砖地板、外露式横梁，以及长形木制餐桌上的一株兰花。这一幕诉说着低调奢华，完全可以作为哥伦比亚电视台或拉尔夫·劳伦的广告场景。

午餐时间的对话中，大伙接二连三地讨论起阿拉比卡咖啡树的常见品种——铁比卡（Typica）、卡图拉（Caturra）和波旁（Bourbon）。午餐后我们一同饮用咖啡，这当然是用流理台上的滤泡式咖啡机煮的，然后像美式简餐店里那般随意地端给大家。这咖啡没让我失望，品尝起来十分美味，带点危地马拉咖啡特有的水果馅饼及柑橘类芬芳。

我们从用餐的地方起身，前往参观花期中的咖啡。在1000多英亩（约合405公顷）咖啡庄园的一角，法雅让我看一株盛开中的咖啡树，白色花瓣呈纤小的星星形状，酷似美国的花揪果花朵，沿着树枝呈线状生长。花朵完全绽放后的景色十分壮观，白色的花朵与绿得发亮的树叶相映成趣。当然，这些都是阿拉比卡咖啡树。

不只是咖啡达人会不停夸耀自己咖啡豆的产区，现今，就连美国的餐后咖啡也常用纯的阿拉比卡咖啡。唐恩都乐通常不被认为是高档的咖啡馆，就算如此，店里也只使用阿拉比卡咖啡豆。据统计，它每秒钟可卖出30杯咖啡，每年可达15亿杯的销售量。而麦当劳的麦咖啡更是主打"新鲜现煮的阿拉比卡精选综合咖啡"。

这些美味的咖啡激发人们的想象力，许多赞美的词汇源源而出。对于一般市售咖啡，我们会用上"浓郁、顺口、香醇、高山生长"这些词语。

咖啡专家会使用更精确的词汇，像是"前调柑橘水果"或是"尾韵有巧克力味"。

咖啡专家就像品酒行家一样，对风土总是有近乎疯狂的执着，不同的土地条件会赋予农作物可辨别的特性。高档的树墩城咖啡馆如此描述自家销售的哥伦比亚咖啡："白樱桃、蔓越莓及红苹果，平衡了哥伦比亚豆表层有的三叶草蜂蜜及半甜巧克力风味，使之更加清爽鲜嫩。"

很明显地，这类咖啡主要销售给小众客人，特别是依据他们对口味的偏好及口袋的深度。（更别提这些顾客竟然能容忍产品上夸张的叙述。真的有人能辨别出白樱桃、蔓越莓跟红苹果的口味吗？或者其实只是像樱桃的味道？）

毋庸置疑的是，阿拉比卡咖啡树的确是纤细敏感的植物。气温及降雨量的些微变化就可对咖啡产量、质量及风味带来极大的影响。法拉表示，他的农场里有特殊的"微气候"。白天时，气温会上升至大约26℃，晚上时则降至10℃。这精准的气温变动范围，赋予咖啡理想的酸度及风味，这点也获得其他人的认同。皮特咖啡馆（Peet's Coffee & Tea）称赞法拉的农场是安地瓜山谷里最好的："优美精炼、四平八稳，又有扣人心弦的多重口感，可尝到些许苦中生甘的巧克力风味。"

行程结束之后，我在法拉农场的访客登记簿上签名，接着起身返回城内。富埃戈火山正向万里无云的天空送出羽毛状的烟云，而我脑中则不停地思考迈克尔·诺顿及他的可娜咖啡豆（Kona）。

成就咖啡的咖啡因

咖啡豆的生产过程如果穿插着故事，它的气味就会更不简单。若想了解这些故事对营销咖啡到底有多重要，就想想可娜咖啡的例子吧。几个世代以来，可娜咖啡在夏威夷这座岛屿上生长，火山的土壤、柔和宜人的气温以及热带雨水促使它成为享誉国际的高质量咖啡。国际咖啡组织（International Coffee Organization）的前CEO内斯特·奥索里奥（Nestor Osorio）跟我说过："夏威夷可以生产出全世界数一数二的咖啡豆。"绝大多数的咖啡爱好者都不反对这句话。除了日益响亮的名声外，有限的产量更使它成为世上最昂贵的咖啡。

在20世纪90年代中期，咖啡贸易商诺顿从可娜咖啡中发现一线商机。诺顿是旧金山湾区咖啡界的老手，有时会开着小货车销售一包包的生咖啡豆。他对于咖啡的知识了如指掌，这个优势使他洞察先机，赚进上百万的钞票。

诺顿明白的是：如果你忽略包装上的可娜标签，再拿掉那些让人联想到夏威夷冲浪、太平洋微风及邻近的缥缈的梦露莱娜火山（Mauna Loa）的图像文字，剩下的就只会是平淡无奇的咖啡豆。这样的咖啡没有太多让人惊喜之处，就像那些质量尚可的巴拿马咖啡，后者批发价每磅还足足便宜了2美元。

诺顿的计划如下，他从中美洲地区进口咖啡豆到夏威夷，并雇用了一批员工，在夏威夷当地的仓库里将咖啡豆全部倒出并分类。到目前为止的步骤都不会太不寻常。大部分市面上销售的可娜咖啡都是混合过的，最终产品里只含10%的纯可娜咖啡豆。只要在包装上注明该产品为混合咖啡，这个做法就是合法的。

诺顿的做法不止于此，接下来他雇用了另一批仓库员工，将自家可娜凯农场里的巴拿马咖啡重新分装，并标示为产自夏威夷的可娜咖啡。借此，他每磅可以多赚10美元。

短短几年内，诺顿就赚进了1500万美元，开心地数着口袋里满满的钞票。这笑容维持了一段时间，直到一位员工挟怨报复，向联邦政府告密。调查组于是展开调查，透过电话记录、监视器影片以及污点证人（此人曾用小货车替诺顿走私几百磅烟草）的证词，最后以欺诈罪起诉诺顿，他遭判联邦监狱30个月的有期徒刑。

这个故事的惊人之处在于，诺顿竟然可以用冒牌的可娜咖啡骗过业界经验老到者的味蕾，这些企业包括皮特咖啡馆、雀巢及星巴克的采购。莱思哈特告诉我，诺顿故事所要传达的，不只是咖啡买主如何被愚弄，而是我们到底是如何感受并鉴赏咖啡。

他说，咖啡要靠经验累积才懂得品尝。"如果你不是业界人士，很少会坐下来细细品尝、仔细分析咖啡。就只是把它喝下肚罢了。"他这样说道。此外，品尝咖啡的感受非常容易受到环境、地点以及场合的影响。

莱思哈特认为可娜咖啡的故事就是个很好的例子。"当你在夏威夷的早晨起床，看着窗外时，觉得这真是个美丽灿烂的一天。户外是22℃，阳光正在闪耀。不远处就是湛蓝的海水以及漂亮的海滩，你爱的人就躺在身旁，而你手上正拿着一杯咖啡！这杯咖啡可不简单，先不细究质量到底如何，品尝起来感觉一定很棒。"

莱思哈特所言不假，这也解释了为什么哥伦比亚的卡斯蒂利亚农场是如此值得注目的原因，就算产出的咖啡不符合当今的美国标准。但这又回到了老问题：到底是什么因素成就一杯好的咖啡？

如果是风味让我们对咖啡如此疯狂，那为什么我们爷爷奶奶所喝的咖啡量，是我们现在的两倍之多？他们当年的咖啡，早在饮用前很长一段时间就烘焙并研磨好，接着再使用渗滤式咖啡壶冲煮，但这样的步骤会萃取出过多苦涩的味道。对当今许多的咖啡爱好者来说，爷爷奶奶辈的咖啡不过是滤煮出来的廉价饮料。这些饮料不易入口，尝起来很糟，他们竟然还愿意喝下两倍的量。

的确，不少人训练过自己的敏锐味蕾，有过广泛杯测的经验，真的了解咖啡的风味。稍次一等的，有一小部分人也许可以像老饕品味美食般地享受咖啡。再次者，也就是我们，只想要好好喝杯咖啡，对于增加品饮的经验，毫无疑问没什么兴趣。换句话说，和口味平庸的咖啡相比，我们当然比较偏好质量优良的咖啡。但如果手边只能取得前者，我们还是会毫不犹豫地一饮而尽。

如果我们稍微换个问法，不去问是什么因素成就一杯好的咖啡，而是问什么能让一杯咖啡好喝，那么答案很简单，就是咖啡因。

但我们大多对咖啡因不甚了解。就连最基本的咖啡豆的差别——从变成便宜餐后咖啡的罗布斯塔咖啡到时髦咖啡馆里提供的阿拉比卡咖啡我们都分不大清楚。平价的罗布斯塔咖啡豆含有两倍以上的咖啡因。（由于罗布斯塔咖啡豆比阿拉比卡咖啡豆含有更多咖啡因，有些纽约的生意人借机逆势操作，推出高档产品"死亡之愿咖啡豆"〔Death Wish Coffee〕）。在精品咖啡中，重烘焙咖啡由于它的强烈风味，常被人们认为比口味清淡的浅烘焙咖啡有更多咖啡因，但这同样也是错误的。由于部分咖啡因在长时间的烘焙过程中被烧尽——更精确的说法是在加热的过程中升华了——重烘焙的咖啡因反而比轻烘焙还少。

试着想象一个矩阵，其中一轴是浅烘焙／重烘焙咖啡，而另一轴为精品咖啡／佐餐咖啡；四个象限中咖啡因含量最少的，会是精品重烘焙咖啡。我们大多会猜完全相反的答案。（所以想要借由咖啡提神醒脑的人应该选择轻烘焙的福爵咖啡。）

这个现象看起来有点诡异（别误会，只是感觉奇怪而不是要怪罪谁），我们的焦点全放在品尝咖啡的某些方面，例如胡安·瓦尔德兹及本土咖啡的故事，或是星巴克CEO舒尔茨所说的"家与工作地点外的咖啡馆"，或是刻意追求多层次的风味。

当我们聊到咖啡时，却不会特别去提到咖啡因。但关于这点其实有很多值得探讨的地方。我们在第二章中提到的毒理专家布鲁斯·戈德伯格在研究咖啡的过程中发现了一项惊人的事实。他和同事买了各式各样的咖啡饮品，分析其中的内容物，并于2003年发表成果，结论是：各种饮品的咖啡因浓度天差地远。

戈德伯格发现，精品咖啡中的平均咖啡因浓度是每盎司13毫克咖啡因。这等于5盎司的咖啡里含有60毫克咖啡因，和可口可乐研究员在1996年发表且常被引用的标准数据相比较（他们建议的标准值为每杯5盎司的烘焙研磨咖啡含有85毫克咖啡因），足足少了40%。但戈德伯格一针见血地指出，虽然咖啡因的平均浓度减低了，但整体来说市面上销售的单份分量却越来越大。现在已很少见到5盎司的咖啡杯，更确切地说，现今我们常说的"小杯"通常至少是10盎司。

戈德伯格也注意到咖啡因的浓度会随厂牌而有所不同。在他的样品中，唐恩都乐的16盎司咖啡里只含有143毫克咖啡因，比红牛饮料或两份SCAD还少。而星巴克典型的16盎司咖啡的浓度则是唐恩都乐的两倍。相比之下，浓缩咖啡的浓度在他的研究中反而比较一致，每一份（1.3盎司）含有75毫克咖啡因。

　　整篇研究里最怪的部分来自于星巴克的饮品。他连续6天从盖恩斯维尔的一家星巴克买了16盎司的咖啡，且每次都点了早餐咖啡，这是一种拉丁美洲的混合咖啡（来自法拉的圣塞瓦斯蒂安大地这类农场）。浓度最低的每杯含有260毫克的咖啡因，而其中一杯甚至含有两倍剂量。这都不算什么，最后有一杯以564毫克的惊人浓度打破纪录。

　　咖啡因会受到许多因素影响而改变。滤煮的强度——准备一杯咖啡所用的咖啡量——是其中一个变项。最浓郁的咖啡通常是用研磨更久的咖啡豆，不强烈的咖啡则刚好相反，有时候会跟茶一样清淡。（浓淡与烘焙时间无关。浅烘焙及重烘焙咖啡豆皆可滤煮成浓郁或清淡的咖啡，这取决于放入水中的研磨咖啡粉的量。）

　　没有任何两株咖啡树会是一模一样的。生长条件的不同及品种的差异都会导致咖啡因在浓度上的显著差异。

　　追随戈德伯格的脚步，苏格兰研究员托马斯·克罗齐尔（Thomas Crozier）找到更多证据显示咖啡饮品中咖啡因剂量的差异。在2012年发表的一篇研究中，克罗齐尔跟他的同事在多家格拉斯哥的咖啡馆里买了20杯浓缩咖啡。经分析后发现，这些0.8~2.4盎司的浓缩咖啡里，咖啡因剂量的范围从51毫克到超过300毫克都有。也就是每盎司的浓缩咖啡，咖啡因含量从56毫克到196毫克都有。这回，星巴克敬陪末座，其浓缩咖啡每0.9盎司中只有51毫克的咖啡因。

　　克罗齐尔的研究中，让人眼睛一亮之处在于：法兰索瓦甜点店卖的每杯1.7盎司的浓缩咖啡里，扎扎实实地含有322毫克的咖啡因（4份SCAD），完全不是在开玩笑。而且这还只是冰山一角：另外三家咖啡馆的浓缩咖啡也超过200毫克咖啡因。"每一份饮品里的咖啡因含量，范围从51毫克到322毫克，高低差了6倍。买到剂量较低的咖啡，孕妇或其他需要限制咖啡因摄取量的民众也许每天喝上4杯还不会超过建议剂量。但如果买到剂量高的，仅仅只喝一杯浓缩咖啡，就会超过每天200毫克的建议剂量。"

对于饮品的咖啡因剂量相差这么大，星巴克总部似乎无动于衷，他们在自家官网上简单地告诉消费者，每盎司的咖啡里含有20毫克的咖啡因，完全没有提到这些差异程度，即使研究证据确凿。

克罗齐尔跟戈德伯格的研究解答了咖啡爱好者的疑问：为什么某些天里一杯咖啡就可以让你达到绝对的平衡——神采奕奕又不失沉着，悠闲却又精力旺盛，而某些时候一杯咖啡甚至无法让你保持清醒，睁开眼睛？为什么在另外某些情况下，同样一杯大小相同、以一样比例调制的咖啡，又可以让你神经过敏、焦躁不安，心脏扑通扑通不停跳动，好像去了一趟月球似的？这是因为每杯咖啡的咖啡因含量天差地远，依生长环境、咖啡树的品种以及滤煮的强度而不同。酒精是另一种常见又受欢迎的药物，以此模拟，就好像你预期一瓶葡萄酒可以提供13%的酒精浓度，但另一瓶的酒精浓度却出乎意料地超过了5倍，比琴酒、朗姆酒和威士忌还浓烈。

在危地马拉召开的会议上，大部分聚焦于气候及市场需求变化对咖啡造成的威胁。但来自纽约的顾问茱蒂·加尼斯提到了另一项威胁：能量饮料不仅吸引走部分的咖啡因消费者，更演变成诡异的咖啡口味的混合饮料。摇滚巨星烘焙咖啡（Rockstar Roasted）跟爪哇巨兽（Java Monster）这些罐装饮品结合了美国人从印度尼西亚传入的能量饮料以及日本人最喜欢的罐装咖啡。基本上，这些产品就是添加了咖啡因的咖啡饮料。

　　健康倡导者不停倡议要在能量饮料上有更清楚的咖啡因标示。加尼斯注意到，这些混合饮料让规范变得模糊不清，特别是咖啡早已游走于饮料及药物的界线之间。"我认为这条界线非常危险，毕竟我们都不想烦恼标签上写什么。"

　　会议中心外面就立着百事能量饮料（Pepsi Kick）的巨大招牌，饮料里则含有咖啡因及人参。"醒来！"广告里一只公鸡在昏昏欲睡的人耳边大肆啼叫。这个讯息也是在向会场里的咖啡传统主义者喊话，特别是咖啡产业发展得如此迅速，传统的咖啡壶很快就会像马以及四轮马车一样过时。位于新英格兰的一家公司推动了这方面的演进，改变了美国人的饮用习惯，此后一人一份咖啡，不再共享。

第四章　冲杯好咖啡

最赚钱的精品咖啡

初次见到鲍伯·斯蒂勒，你会觉得常在佛蒙特消费合作社见到这种人，猜测他常年在深山隐居。他还多少真符合这样的形象，常穿针织毛衣，偏好冥想、瑜伽以及狄巴克·乔布拉（Deepak Chopra）的新时代哲学。他懒散的外表及举止完全掩饰了其精明的资本家思想。截至2011年，他已借由对经商的高度悟性，赚进了数十亿钞票。他的日常生活消磨在棕榈滩的别墅、150英尺（约合46米）长的游艇或是位于纽约哥伦布圆环的豪宅里（从名模吉赛尔夫妇手中买下，市价1700万美元）。他同时也是知名甜甜圈公司Krispy Kreme公司最大的股东。不过，斯蒂勒不是因为这些事迹声名显赫，他最为人所知的，是成立了全世界最创新、最赚钱的咖啡公司。

　　一杯咖啡简直完全颠覆了斯蒂勒的人生。故事起源于1980年，当时37岁的斯蒂勒是位企业家，定居于枫糖林（Sugarbush，佛蒙特州的滑雪区域）的大楼里，在抛售第一家公司后赚进300万美元，却无所事事地花钱如流水。也正是这时候，他在邻近的魏茨村碰巧尝到一杯美味的咖啡。斯蒂勒受到很大的启发，之后便买下了这间小小的咖啡公司，让它成长。他的产品带有班杰利冰淇淋（Ben & Jerry's）绿色、牧场般的风格，这就是绿山烘焙咖啡（Green Mountain Coffee）的由来。

　　斯蒂勒就此着迷于咖啡，自己在家里用烤饼干用的烤盘和爆米花锅一小批一小批地烘烤咖啡豆。不用多说，他只用阿拉比卡咖啡豆。20世纪80年代有很多美国人都跟斯蒂勒一样，从未喝过一杯新鲜且精心滤煮的阿拉比卡，平常只喝速溶咖啡，或是用渗滤式咖啡壶把咖啡煮得太苦。也因此，斯蒂勒在还未成熟的精品咖啡领域，跨出了象征性的第一步。

　　当时的时机正好适合精品咖啡烘焙者替咖啡业增加竞争力。那时的一般市售咖啡豆都是浅烘焙，因为掺在其中的罗布斯塔豆重烘焙后味道不那么好。相对于主流的浅烘焙咖啡，皮特咖啡馆和星巴克主打重烘焙口味，不仅引领风潮，也替自己找到了品牌定位。莱思哈特表示，烘焙的步骤其实很简单：将咖啡豆烘烤至深色，借此带出巧克力风味及大家都喜欢的焦糖甜味，接着只要冲泡出浓烈的口感，就可以送上桌请客人品尝了。

　　大众对精品咖啡的需求如野火般开始燎原。通过不断开设连锁门市，销售浓烈、重烘焙且昂贵的咖啡，星巴克将美国置于精品咖啡革命的中心。正当美国人对咖啡的品位在改变时，斯蒂勒小而美的经营方式横扫全美，绿山咖啡豆的销售量也开始稳定增长。

　　但到了1997年，斯蒂勒遇到了一个难题：绿山咖啡在经过几年的稳定成长后，销售增长开始减缓。他注意到，尽管大众对精品烘焙咖啡的显著接纳已让咖啡产业离开几十年来的积衰不振，但美国民众对咖啡饮品的爱好已不如以往那样成长快速。

　　借由执行美国公司最擅长的策略，也就是麦当劳经营模式讲求的便利、标准化，星巴克主打大分量的拿铁和卡布奇诺，掀起了一波当代咖啡的新革命。但星巴克的经营模式却不适用于绿山咖啡。在1997年，星巴克已拥有400家分店，但绿山咖啡的连锁门市却还不到12家，持续亏钱的窘境很快就要拖垮整家公司。绿山可以找回自己的利基，站稳新英格兰地区的市场，外地人不知也无妨；又或者它可放手一搏，在咖啡市场饱和的现况下，从竞争者手中夺回市场占有率。

　　斯蒂勒需要清楚地找到属于自己且适用于美国的咖啡经销模式。他的生意头脑及市场嗅觉让他理解了一个简单的要领，最终使他成为全国首富：大部分的美国人希望在平日忙碌的生活中，可频繁且便利地来上几杯浓烈新鲜的咖啡。斯蒂勒因此决定，如果民众不走进他的咖啡馆，那不论多远，他都要带着自己的咖啡直接来到民众面前。他开始深入连锁的便利商店，这些商店以往都用看起来很寒酸的玻璃咖啡壶，销售不新鲜、烤焦或味道太淡的咖啡。很快地，几百家新英格兰埃克森美孚加油站的商店开始用真空保温壶销售绿山咖啡，将顶级的咖啡带给大众。这些便利商店门口有着显眼的绿山咖啡广告，对那些会由精品咖啡联想到时髦咖啡馆的民众来说，这个标示虽然突兀，但又让人想尝试一杯。

单人份包装

在了解绿山咖啡下一步的创新策略前，不妨先看看斯蒂勒在单人份包装上展现的一些巧思。在20世纪70年代前期，他与伙伴为当时特有的问题所困扰：卷大麻烟的烟纸太窄了。就如同其他"哈草族"，他们会把两张烟纸用糨糊黏起来以解决这个问题。不过，斯蒂勒和伙伴从中发现商机并创立了品牌。当时只要读过大学且吸过大麻的学生，都认识这个卷烟纸品牌：方便卷（E-Z wider）。他们的创新就在于把卷烟纸变大，好卷出一根肥肥胖胖的大麻烟。他们在1980年卖出了9100万包卷烟纸，足够卷出20亿根大麻烟。在那之后，他们就把公司卖掉了。斯蒂勒与伙伴们分道扬镳，每人分到310万美元。这笔钱也正是斯蒂勒创立绿山咖啡的第一桶金。

为了拓展经营版图，斯蒂勒运用自己的市场嗅觉，充分发挥在小分量包装上的创意，思考如何让消费的便利性往前一大步。他比任何人都看得更广更远——美国咖啡产业再继续发展下去，咖啡爱好者一定会偏好一人份的咖啡。在全世界办公室的休息室里，那盆让人反胃的咖啡渣已然成为侏罗纪时代的产物。而他最大的创新，就是找到、买下并推广克里格咖啡机及专用的单人份咖啡胶囊。

沃特伯里坐落在伯灵顿及蒙佩利之间的山谷中，斯蒂勒的小小烘焙咖啡公司在当地拥有一座园区，而且规模一直在扩大。他的烘焙工厂拥有18个轮子的大货车以及适用于所有工厂设备的卸货平台。不过，他的卡车加的是生质柴油，厂房屋顶覆盖着太阳能面板。工厂外的停车场种满树木，绿色山丘在四方的地平线隆起。整片园区满溢着咖啡烘焙的香气，浓郁香气带来的愉悦感，让人觉得这里不是食品工厂，而是大学的校园。

在游客中心有座修复后的美丽的火车站，你可以一边啜饮新鲜现煮的咖啡，一边饱览中心内详尽的展示说明，内容是绿山咖啡所承诺的环保使命以及它与咖啡种植者的紧密联系。在展览馆里，你可以看到许多绿山咖啡的经典照片，里面是一双双捧着咖啡豆且历经风霜的手。说得更传神一点，它更像是发展中国家的非政府组织总部，致力于改善劳工处境并保护环境。

让我们回到生产线的末端。在一间带有泥土芬芳的宽敞仓库里，生咖啡豆装在60千克重的大麻袋里，而这几千个麻袋就堆在比人还高的架子上。这些豆子是未经处理过的生咖啡豆，它们装在袋子里漂洋过海，接着壮硕的工人们一前一后用货物钩插进袋中，摇摆着身体将笨重的麻袋放上装卸货物的栈板。这一幕，正是绿山咖啡生产过程中最原始单纯的步骤。

从仓库走进另一栋连接在一起的建筑，咖啡豆就是在此烘焙、研磨，然后包装，这感觉就像从《雾都孤儿》（*Oliver Twist*）的故事走进《黑客帝国》（*The Matrix*）的场景中。绿山咖啡的厂房内摆满明亮且消毒过的生产线机具，每年制造生产出几亿个K-Cup胶囊，就像是这栋建筑不断搏动的心脏。

K-Cup看起来就像大尺寸的奶精球。生产线的特殊机器先在塑料杯子里铺上滤纸，然后装入咖啡粉，最后灌满氮气以防氧化，再用铝箔片密封起来。

在这里，我们可以停下来好好思考一下氮气。绿山咖啡借由K-Cup在精品咖啡圈内异军突起。要冲泡出一杯完美的咖啡，咖啡狂认为有两个关键步骤绝不可跳过：第一，要使用刚烘焙过的新鲜咖啡豆；第二，要在冲泡前不久才研磨它。因为一旦你研磨咖啡豆后，其中含有的挥发性油脂很快就会散出，刚磨好时带有的美好香气，很快就会长出翅膀消失无踪。接着氧气会渗入咖啡粉，发生氧化后香气消失，咖啡煮好后会常出现苦味。

咖啡氧化在持续开拓的咖啡领域里并不是新鲜事，而是传承了好几个世代的常识。说起这个老问题，从1896年的一篇军事报告可以一窥端倪，内容谈到将新鲜咖啡送到战场上给士兵有多难：

就许多咖啡专家所知，目前没有任何已知的方法可以防止烘焙过的咖啡豆氧化，研磨后如何保存则更加困难。装罐密封不是保存咖啡的完美方法，专门处理这个难题的商人已清楚地告诉我们，在密封后的几个月，咖啡就会变质或出现"酸味"，且研磨过的咖啡变质速度比未研磨的还快。他们也表示，在真空装罐的过程中，几乎无法不破坏咖啡的风味。装填时抽出密封罐里的空气，充其量只能使咖啡豆晚几个月变质。

为了避免氧化的问题，绿山咖啡用氮气取代K-Cup里的氧气。在声音及动作一致得几乎让人被催眠的生产线机器上，K-Cup就这样一排一排地制造出来。每个胶囊里不多不少刚好含有11克的研磨咖啡。这就是美国最受喜爱的单人份含咖啡因饮料，诚属高科技下的新奇发明。不过胶囊咖啡迅速蹿红，但也如流星般迅速消逝。

在克里格咖啡机内，有根细针会刺穿K-Cup上方的铝箔纸以及下方的塑料底盘，接着热水会流过胶囊、冲泡咖啡，并直接注入下方放置的马克杯，迅速地做出一人份的咖啡。绿山咖啡光是在2012年，就卖出了30亿份咖啡胶囊。

克里格位于马萨诸塞州，是绿山咖啡的全资子公司，它学习各大厂牌的销售模式：惠普的打印机卖得很便宜，却从墨盒中获利无数；吉列的刮胡刀也不贵，但补充刀片可不便宜。同样，绿山也让民众以亲民的价格买到克里格咖啡机。这些中国制的咖啡机，最早开卖时一台不用100美元，还随机附赠一打K-Cup试用包。光是这台机器就让绿山在2010年净收入超过两亿美元。但真正让绿山从对环境友善的地区性公司变身成为华尔街新宠儿的，是K-Cup。2007年到2010年之间，绿山的股票价格翻了四倍。若是你有先见之明，在该公司于1993年上市之时就投资1000美元，到2011年秋天时就会赚进2000万美元。（别说你1993年时口袋里没有1000块美元。只要当时买下100块的股份，你也早赚了200万呢！千金难买早知道。）在2006年到2011年之间，绿山咖啡的股票（纳斯达克股票交易所里的代号为GMCR），表现得比苹果、谷歌或星巴克都还要亮眼。

克里格咖啡机于2003年推出后，很快地在各办公室内雄踞一方。员工们不用再抱怨某人泡的咖啡太浓或太淡，豆子烘得太浅或太重，也不用烦恼咖啡在壶中保温太久，变成苦涩的烧焦咖啡渣。人们可以随自己的需求置入咖啡胶囊。K-Cup在咖啡市场带来一股旋风，极为轰动。

这家小小的佛蒙特州公司和跨国食品巨人相互角力，还真的赢得了胜利。雀巢派出的对手是多趣酷思（Dolce Gusto）咖啡机以及等级更高的Nespresso咖啡机，玛氏推出芙拉维娅（Flavia）咖啡机，卡夫食品有Tassimo咖啡机，莎莉（Sara Lee）则推出Senseo咖啡机。这些咖啡机各有专属的咖啡易滤包。

绿山咖啡于2010年宣称，在7年半内，自己每季的销售成长率达到了两位数，这大部分要归功于K-Cup，光是它就占了总销售量的86%。到了

2011年，绿山咖啡也开始跟唐恩都乐紧密合作。影星保罗·纽曼（Paul Newman）的女儿为了推广有机食品，创立了纽曼有机食品（Newman's Own），其推出的K-Cup胶囊很快就成为自家最热销的产品。（讽刺的是，妮尔·纽曼〔Nell Newman〕这位热情的环保人士不久后发现自家公司的销售额大部分来自于无法回收也无法变成厨余的产品。）

另一位咖啡界的巨擘做了不同的尝试来挑战单人份咖啡的市场。星巴克在2009年2月以单人份的包装条来推出了自家的Via免煮咖啡，到了该年年底，销售额达5000万美元。不过，星巴克也发现了K-Cup的诱人之处。当绿山咖啡宣布K-Cup也会装入星巴克的咖啡后，绿山的股份在2011年3月上升了42%。这个涨幅让斯蒂勒一举成名，跻身福布斯全美富豪的排行榜，身家约为13亿美元。巧合的是，他与星巴克的CEO舒尔茨打成平手，同列第331名。

一球K-Cup要90美分，对一杯咖啡来说这是合理的价钱，但累积下来，每磅就要30美元。换句话说，绿山公司每磅咖啡的价格，比知识分子咖啡馆（Intelligentsia Coffee）和树墩城咖啡卖给咖啡控的庄园咖啡豆还贵。更值得注意的是，绿山咖啡在大众市场与零售业连锁超市及山姆会员商店（Sam's Clubs），也是以这样的高价位销售。

这就是斯蒂勒的过人之处，不仅在短时间创造大量的市场需求，还让各大门市的绿山咖啡价格每磅翻了将近3倍，简直就是点石成金。整个营销策略的核心是，要让民众快速且便利地享受到咖啡的美味与提神效果。

绿山咖啡已停止公开自己卖出的K-Cup数量（也许是因为某些不可告人的股东诉讼案），但极有可能在2011年就卖出了60亿份。换个角度来说，2011年所生产的K-Cup若一个接一个排起来，其长度可绕赤道六圈，乍看之下就像是条宽1英尺（约合0.3米），用塑料、咖啡及铝箔纸做的地球皮带。

来势汹汹的竞争

　　但斯蒂勒身为美国富豪的日子在两天内宣告终结，就像海明威曾说的："逐渐地……然后突然间一无所有。"绿山咖啡的股价在2011年9月19日到达巅峰，每股市值111.62美元。投资客对绿山股份的高报酬感到惊奇，商业媒体也以"咖啡高潮"或类似的趣味标题形容这番奇景。不过对某些人来说，该公司的股票其实被高估了。到了10月，拥有很大影响力的对冲基金经理戴维·爱因霍恩（David Einhorn）在一场股东会议上花了一小时细数该公司的问题，断言绿山的会计作业大有问题。这场会议过后，绿山的股价开始下滑。11月的营收报告已经惨不忍睹，但股价继续探底，甚至掉到低于50美元。很快地，投资该公司的路易斯安那州基层警务人员退休组织针对损失对绿山提出诉讼。

　　绿山咖啡的下一个挑战不是来自被抛弃的投资客，而是来势汹汹的竞争者。2012年的3月8日，绿山咖啡每股从市价62.59元再跌了10美元，与此同时，星巴克宣布他们研发出新的咖啡易滤包。（别忘了在一年之前，绿山才因为宣布与星巴克合作而股份暴涨。）这消息对股东而言已够让人沮丧。但屋漏偏逢连夜雨，投资客们稍后发现斯蒂勒早在星巴克召开记者会的前几天就以6600万的价格抛售绿山股份，其规模前所未见。

斯蒂勒的有价证券市值直线下跌，首席执行官这个头衔更是信用破产，但更惨的情况还在后头。公布惨淡的营收报告后，绿山在5月3日短短一天内损失了一半的股份，每股跌至25.87美元。这也正是整件事值得玩味的地方。原来股价下跌时，斯蒂勒拿自己的大量股票去抵押，紧张的德意志银行债权人立刻发出追加保证金通知。5月7日星期一，斯蒂勒卖掉绿山500万股的股份，折合12300万美元。但依公司规定，这项买卖进行的时机，是当季收益报表结算后的禁售期，内部成员是禁止进行交易的。董事会很快召开了电话会议。到了星期二，董事会投票表决，免除了斯蒂勒的CEO职位。

对这位老练的企业家来说，这简直是晴天霹雳，重重地打击了他。斯蒂勒不只在9个月内失去了他3/4的财产，还被亲手成立并领导了30多年的公司团队扫地出门。

但绿山咖啡重新站稳脚跟，主要还是得归功于斯蒂勒的创新改革。早在销售"方便卷"的日子，斯蒂勒就已展现了他的诀窍，销售便利且小分量包装的大麻。绿山咖啡成立之后，斯蒂勒更上一层楼，找到方法，让药物自己推销自己——大部分的美国人每天都需要使用它，到了不可或缺的地步。他也真的做到了，使用的方法合法、便利、高获利，更被各种文化所接受，真可称为独创的获利模式，且获利比销售卷烟纸更多。

大麻和咖啡帮斯蒂勒大发利市。"我知道，一般大众认为它们是药物，但我真的将它们视为产品。"他在接受《佛蒙特商业杂志》（*Vermont Business Magazine*）访问时说，"我过去努力做出最高质量的卷烟纸，秉持着同样的精神，现在努力提供最高质量的咖啡。卷烟纸的市场有限，而咖啡的市场是如此广袤无垠，我能不爱吗？"

可称为产品，也可称作药物，这是当代科技及全球化经济的胜利成果。在美国，任何人都可以随时随地将胶囊投入机器，拉下控制杆，泡出一杯美味的哥伦比亚咖啡，里面不多不少刚好含有两份SCAD的咖啡因。咖啡豆的产地在哪里不重要，哪怕是远在几千英里外的卡斯蒂利亚庄园。咖啡豆装箱上船，跨越加勒比海，沿着密西西比河北上，先存进仓库，接着用卡车送到佛蒙特州，研磨后重新包装，存放到另一间仓库，然后来到山姆会员商店这类的卖场，最后出现在你手中的咖啡杯里。一路下来，这杯咖啡只丧失了一小部分的风味及咖啡因。（我后来才知道，以绿山咖啡的标准来说是丧失得非常多。）

斯蒂勒把咖啡因包装成便利的单包装，来杯咖啡因剂量精准的美味咖啡不再是件难事。丢入胶囊，拉下拉杆，就连猴子都可以做得很好，而且我相信它们也会乐意来一杯。

第五章　迷惑人心的咖啡因

对咖啡因的依赖

早在K-Cup登上舞台之前，巴尔的摩有位固执的科学家已开始探讨为何大众对咖啡因会如此着迷。罗兰·葛瑞菲斯（Roland Griffiths）是一位药物研究者，发表过的研究著作不胜枚举。在他位于约翰霍普金斯湾景医学中心的办公室墙上，挂着几幅裱框过的作品——年代久远的可口可乐广告、《咖啡人》（*Too Much Coffee Man*）的漫画复制图以及布鲁斯·瑙曼（Bruce Nauman）的海报《咖啡因梦》（*Caffeine Dreams*）。书桌上方的书架上，是一长排有关咖啡及咖啡因的书籍。不过，占据了办公室一面墙的档案柜，才真正地展现出葛瑞菲斯研究的深度及广度。

那一列档案柜有3个抽屉高、5个抽屉宽。15个抽屉中，有10个外面贴有"咖啡因"标签，另外五个则标示"裸盖菇素"（Psilocybin）。葛瑞菲斯以"魔幻蘑菇"作为对抗抑郁症的武器,还曾被《纽约时报》报道过。

"我是个精神药理学家,对于药物影响情绪的效果十分感兴趣。"葛瑞菲斯对我说,"过去40年来,我在人类及动物身上研究会影响心理的药物。对我来说,咖啡因属于这种迷人的药物,甚至可以说是最吸引人的化合物。它很明显地能活化精神反应,且几乎已被全世界各地文化所接纳,遍及全球。"

葛瑞菲斯是位瘦高的男人,顶着一头苍白的短发,脸上带着和蔼的笑容,眼镜后的眼角因此多了几条鱼尾纹。他会仔细聆听问题,让人觉得他在认真思考,当他回复时,答案总是精确而详尽。我们会谈的同时,葛瑞菲斯用马克杯啜饮不含咖啡因的健怡可乐,杯上则印有咖啡因分子的结构式。

他告诉我,大部分的药物实验主要是针对会产生滥用现象的药物。他因此产生了兴趣,要研究在全世界被最普遍服用的精神活化药物。当前没有一种社会文化将服用咖啡因视为药物滥用,就算如此,它还是具有药物滥用的所有特征。"也就是说,咖啡因会影响情绪,会造成服用者生理上的依赖。一旦停止服用会产生戒断反应,部分人因此十分依赖咖啡因。"葛瑞菲斯说道。

葛瑞菲斯通过咖啡因建立了一个系统模型,让他能了解人类行为及滥用性药物之间的交互作用。有别于研究可卡因和海洛因,研究咖啡因限制较少,不会有相关的伦理学争议。

葛瑞菲斯在档案柜里仔细翻找,几分钟后,他拿出了一篇论文,其标题为《从咖啡因剂量与饮品浓度观察咖啡饮用行为》(*Human Coffee Drinking : Manipulation of Concentration and Caffeine Dose*)。"这就是我在咖啡领域的第一步。"葛瑞菲斯说道，"我们观察人们一整天喝了几杯咖啡，这是就相关领域所进行的第一个研究。"换句话说，就是这篇论文，开启了他超过1/4世纪的咖啡因研究之旅。

在这项早期研究中，葛瑞菲斯和同事们找来了9位受试者，皆为男性，都是重度咖啡成瘾者。在双盲的实验环境中（不论是受试者还是负责递送药物的研究同仁，都不知道里面所含有的咖啡因剂量），受试者可以凭自己的意愿喝咖啡，而葛瑞菲斯则依计划调整咖啡的浓度及咖啡因的剂量。

一开始，几乎所有受试者都有类似的饮用模式，与世上大多数的咖啡饮用者相同。一大清早，受试者们会在短时间内喝下好几杯咖啡。当一天时间慢慢过去，他们喝的咖啡数量越来越少，间隔也越来越长。当研究者提供更强烈的咖啡（煮得更浓）时，受试者就会减少咖啡摄取量，即使他们一整天下来并不自觉。当研究者增加咖啡因剂量却没有调整咖啡浓度时，受试者也会减少摄取量。

葛瑞菲斯报告里的结论写道："从目前的几组研究中，可发现喝咖啡是一种稳定且有秩序的'自我给药行为'。这种行为模式经得起实验分析，只要通过密集的受试者内（in-subject）实验设计就能证实。"

好吧，上面的叙述包含一些研究用的术语。但谈到饮用咖啡，"稳定且有秩序的自我给药行为"这句话很简明地阐述了多数美国人每天会做的事情。

葛瑞菲斯告诉我，在那项早期研究中，他观察到，人类饮用咖啡时所呈现的自我给药模式并不独特，就和他实验室里动物的自我给药行为十分类似。

自我给药这个概念很容易理解。给实验室里的一只小鼠打上静脉导管，接上给药帮浦，用鸦片让它感到愉快。接着在笼子里装上一个拉杆，小鼠可自行触控来给药。当小鼠压下拉杆时，就是在进行自我给药的动作。科学家们细数拉杆压下的次数以及每次给药之间的间隔。"同样，喝咖啡也可视为一种自我给药的形式。"葛瑞菲斯说，"你也可以计算每天喝了几口、喝了几杯咖啡。"就那篇早期的研究所说，受试者们确实会照自己偏好的咖啡因剂量，自行调整饮用咖啡的间隔和数量，以达到最合适的剂量。

虽然我们在此讨论的不是鸦片上瘾，但只要想想葛瑞菲斯实验室里喝咖啡的场景，就会发现喝咖啡并不只是一大早拖着步子找寻咖啡壶、早上10点蹒跚地走向休息室或午餐时间缓步走向咖啡馆。换个角度，你会看见成千上万的实验室小鼠，有条不紊地反复向可乐销售机投硬币，或不断拉下克里格咖啡机的拉杆，给自己灌注咖啡因。

那项研究之后，葛瑞菲斯继续进行一系列更细致的研究，有条理地检视人类和咖啡因这种药物的互动。这几年来，他仔细钻研自我给药（self-administration）、强化（reinforcement）、区辨（discrimination）、耐受（tolerance）、依赖（dependence）以及戒断（withdrawal）等现象。在此我们值得花点时间了解这几个名词，毕竟越来越多人有规律地使用咖啡因，它们确切地描述了构成我们日常生活的行为。

"强化"是一种触发反应，会增加个体再从事某项行为的可能性。譬如你喝了百事可乐，感觉很不错，那就有可能之后再买来喝。

要印证"强化"的效应，你可以让受试者在几天或几周内从几样物品中做选择，比如可乐、咖啡或胶囊。当中有些是安慰剂，其他物品则含有咖啡因，但受试者并不知道。一段时间后，如果受试者出现明显的对某物品的偏好，像是偏好黄色胶囊而非橘色胶囊，偏好含咖啡因的产品而非无咖啡因，那就显示咖啡因是一项增强物。

葛瑞菲斯表示，有些人没注意到自己的行为其实是被药物所驱使，也就是"强化"这个词汇所描述的现象。他们过去并不知道咖啡因会使他们养成喝咖啡的习惯，甚至有的人到现在还是不知道。"他们以为这个习惯要归因于早晨的咖啡风味，或认为自己只是喜欢边来杯咖啡边看报纸，不摄取咖啡因也没有影响。"

强化跟欣快感是不一样的。大剂量的咖啡因可以让你精神活跃，且常让你感到一丝欣快。但强化作用其实更加微妙，它作用的地方是意识的更下一层。

"区辨"是能主观察觉某种化合物存在。为了验证这一点，科学家可以给某人一个胶囊，其中含有咖啡因或是安慰剂，接着观察受试者能否察觉咖啡因的存在。若受试者能发现咖啡因，再让他辨别咖啡因的剂量。

"耐受性"不难了解。人体不断吸收某药品后，能对特定剂量会减少反应。我们每个人或多或少都会对咖啡因产生耐受性。如果你平常有规律地服用咖啡因，每天从一杯咖啡中得到的提振精神效果会比你这辈子喝第一杯咖啡时的感受还要弱。关键机制在于，有规律地摄取咖啡因的人，体内会产生比较多的腺苷受体，以避免咖啡因阻断腺苷。科学家将这样的机制称为"正调控"（up-regulation）。至于完全不喝咖啡的人，腺苷受体大约需要一个礼拜才能达到基准量，也有可能花上更久的时间。

戒断咖啡因

最后，我们终于要谈到成瘾及戒断。这也是葛瑞菲斯的研究中比较牵涉到他个人的部分。当葛瑞菲斯开始这项咖啡因的实验时，本身就是位重度的咖啡因使用者。"我想我每天所摄取的咖啡因，我猜啦，可能是500~600毫克，甚至更多。"他这样告诉我。这比7份SCAD含量还要多，几乎等于7瓶红牛饮料或36盎司的咖啡。

当他决定研究咖啡因的戒断症状时，选择了比较困难的方式。葛瑞菲斯和另外六位同事一起进行这一系列的研究。他告诉我："我们这篇论文非常特别，因为作者同时也是受试者。"参与这项实验，他等于要将每天摄取的7~8份SCAD咖啡因降至零，此外，还需要聚精会神地观察身体及脑部的戒断症状。

我问葛瑞菲斯，他是否因此立刻戒掉咖啡因。他说："没有。绝不可以。我是精神药物学家，很清楚这样贸然的戒断方式不是我想要的。我慢慢地降低服用剂量。"

葛瑞菲斯和他的同事并不是第一批以科学之名来戒断咖啡因的人。威廉·里弗斯（William Halse Rivers）也研究了咖啡因对人体造成的影响。这位出身名门的英国医师，同时也是颇富冒险精神的人类学家。他的著作《酒精及其他药物对疲劳感带来的影响》（*The Influence of Alcohol and Other Drugs on Fatigue*）主要是依据他在1906年的授课内容所编撰，有许多当年相关的咖啡因研究，以及他自己的研究报告。

"我一开始研究药物时，就以咖啡因的效力为主题。实验开始前不久，我停止了饮用茶和咖啡，而且先前就逐步减少了摄取量。"他在咖啡因相关的课堂上说，"停止摄取这类物质后，受试者开始精神不济，因而严重影响实验的进行。我们稍后重新进行了一次实验，发现受试者的无精打采在某些程度上真的跟停用咖啡及茶有关。"

里弗斯最后加入受试组时，已成功戒用咖啡因或酒精长达一年。他在报告中半开玩笑地表示，很少有研究者会愿意入他麾下做研究。"这个过程太折磨人了，这项计划大概吸引不到什么研究人员。"

但80年后，葛瑞菲斯等人还真的被这项研究所吸引。在第一阶段的研究中，葛瑞菲斯跟同事们把自己当做小白鼠，慢慢地减少咖啡因的摄取。与此同时，他们替自己进行区辨试验，看是否有办法辨别出咖啡因及安慰剂（所有这些实验都是在双盲的情境下进行）。

毫不意外地，他们都可以如实地辨别出安慰剂、100毫克咖啡因或更高剂量咖啡因之间的差异。区辨过程其实不如想象中的简单。研究人员不是一次给予受试者100毫克的剂量，这样就太容易分辨出来了，而是用10颗10毫克的咖啡胶囊，在一天中不定时地混入受试者的饮料。

研究者在报告中写道："和安慰剂相比，100毫克咖啡因增加了受试者的警觉性、满足感、工作动机、专注力、体力跟自信，让他们更合群、更好相处，此外还可降低头痛及嗜睡的程度。该剂量的咖啡因甚至还可带来一丝欣快感。"

在第二阶段的区辨试验，研究人员有了更惊人的发现：有些受试者的阈值很低，很容易察觉到咖啡因。所有的受试者都可以察觉低于一份SCAD的咖啡因剂量；有3人能辨别出56毫克咖啡因（约略等于16盎司的山露汽水）；有3人可以察觉18毫克咖啡因（半罐可乐所含有的咖啡因）；还有一个人甚至能辨别出仅仅10毫克的剂量。（在稍后的另一篇研究中，葛瑞菲斯收案的一位受试者可察觉3.2毫克的咖啡因，也就是一小口咖啡，或1/10罐可乐。）

以此为基础，研究人员（每天规律地服用100毫克咖啡因）开始进一步观察物质依赖的现象。这一次，他们要用两种方法来研究戒断。首先，他们连续12天以安慰剂取代咖啡因胶囊，之后逐渐将每天100毫克咖啡因的摄取量降至零。同样，这些胶囊都是在双盲的情境下被混入饮料，受试者们不会知道咖啡因何时被停掉。

到了这个阶段，7个受试者里有4位开始出现"有规律的戒断症状"，包括头痛、昏睡以及无法专注。"这些症状在停用咖啡因后第一天或第二天最为明显，接着会逐渐缓和，在一周后回到戒断前的状况。"报告中如此写道。

在该试验的第二阶段，研究者在一周内以隔日的方式将咖啡因替换成安慰剂。在这样的试验情境下，"所有7位受试者都在统计数字上出现了显著的戒断效果"。

重申一次，这些研究人员并不是一次戒断很大剂量的咖啡因，而是从每天100毫克的小剂量开始。这剂量大约等于5~8盎司的咖啡、两罐健怡可乐或3罐可口可乐，也许跟两杯或三杯的茶差不多，也就是 $1\frac{1}{3}$ 份 SCAD。光是这个剂量就可以让人上瘾。（葛瑞菲斯告诉我甚至更少的剂量就可以成瘾，但目前尚无研究去证实这一点。）

在论文里，研究者写道：

我们之前已经提过咖啡因的戒断状况，但根据目前的文献报告，咖啡因戒断的发生率其实更高（在所有受试者身上几乎都能看到），而能导致戒断现象的每日咖啡因摄取量比想象中的还要低（大约等于一杯冲泡咖啡或三罐含咖啡因的软性饮料里所含的咖啡因）。而戒断的症状范围（包括头痛、疲倦和让人不安的情绪变化、肌肉疼痛/僵硬、类流感症状、恶心/呕吐以及对咖啡因的渴求），比我们先前所预估的还要更广。

这篇论文直捣蜂窝，切中要害。根据文中所述，大部分的美国成年人每天都会饮用咖啡，平均摄取量早已超过100毫克。研究指出，如果骤然停止该药物，那么我们几乎都会感受到真切的不悦感。这种不悦的感觉有多严重呢？葛瑞菲斯在稍后一篇2004年的文献探讨里提出这个问题。他发现有一半的实验受试者曾报告在戒断咖啡因后出现头痛，而有13%的受试者表示会出现"临床上显著的忧伤感或功能上的失调"。

且让我们拉远一点来看。假如美国的咖啡因供应链突然中断，我们明天开始就没有任何咖啡因可摄取，或者因为某些原因，我们必须要庆祝类似全美戒烟日的"全国无咖啡因日"。由于80%的美国人每天都会摄取咖啡因，这个结果表示12500万人会头痛欲裂，而有3500万人（几乎是加州的总人口数）会感到极度的心情低落或功能失常。

总体来说，葛瑞菲斯的研究描绘出一幅概况，那就是咖啡因不只是有吸引力的药物，更能让人成瘾。"当我第一次就咖啡因使用'成瘾'这个词时，整个咖啡业界像发疯般地斥责我。"葛瑞菲斯轻轻一笑，"但无论如何，我还是要说咖啡因是种能让人轻微上瘾的药物。我觉得这个说法很恰当。"

不过，有些科学家不大赞成把咖啡因贴上"成瘾"的标签。得克萨斯大学毒物学及药理学教授卡尔顿·埃里克森表示："将咖啡因'成瘾'同样归入可卡因、海洛因、酒精或尼古丁成瘾的类别里，无疑是给予‘成瘾’一个不好的印象。我们在药物的领域内已经有太多污名化的标签，不需要将所有用药过量或‘我就是爱这味道’的现象归类为成瘾。”埃里克森觉得戒断跟耐受性并不是构成成瘾的要素。

莎莉·萨特尔医师也抱持怀疑的态度。她2006年的一篇文献里，标题就是“咖啡因真的具成瘾性吗”。那她的答案呢？她认为不是。萨特尔承认喝咖啡（跟摄取咖啡因是有差别的）具有微弱的强化效果，她在文章中写道：“咖啡可能有的强化效果也许跟咖啡因本身毫无瓜葛，而是跟它带有的迷人香气及风味有关。品味咖啡时必备的社交空间可能也加了一把推动力。”对这样的咖啡饮用行为，萨特尔表示：“简单地说，喝咖啡比较像是一种专心投入的习惯，而不是一种强迫的成瘾行为。”

萨特尔也批判了好几个与咖啡因相关的研究法。结论就是：“一般使用成瘾这个词，是指一种无法抗拒的规律摄取行为，还会产生各种问题。但摄取咖啡因并不符合这样的定义。”

萨特尔是美国企业研究院（American Enterprise Institute）这个保守派智库的常驻学者，而她的研究是由美国饮料协会（American Beverage Association）所赞助的。该协会代表全美的软性饮料产业，长久以来都在争取放宽咖啡因的管制范围。有位观察家怀疑这就是萨特尔不愿意承认咖啡因具有成瘾性的原因。此外，她的论点包含了以下的宣传，因而更欠缺说服力：“虽然停止规律服用咖啡因会导致头痛和昏睡，但我们可以摄入咖啡因来迅速并有效地缓解这类症状。为了避免这些症状，你可以花一周的时间持续服用小剂量的咖啡而轻松戒瘾。”萨特尔教导大众处理戒断症状的方法，与她反对咖啡因具成瘾性的论点不仅相冲突，更是漏洞百出。

葛瑞菲斯跟共同作者劳拉·胡利亚诺在他们的文献探讨里，极力主张应该将咖啡因戒断列入《精神疾病诊断及统计手册》的咖啡因相关条目中。这个手册更广为人知的名称是DSM，是诊断精神疾病的一项利器。它于1953年首次出版后频繁地更新，是美国精神医学会为了将精神疾病分门别类所付出的心血。

2000年出版的新版DSM列了四种咖啡因诱发的疾患。"咖啡因中毒"这种疾患的特征就像药物中毒：不能静坐、紧张、失眠、肠道紊乱、思考及言语杂乱或心搏过速。当咖啡因造成焦虑、恐慌或是强迫行为时，我们就可诊断为"咖啡因所致焦虑症"。"咖啡因所致睡眠障碍"就不用再多说了。DSM更在列表后加了一项"未被分类的咖啡因相关疾患"。

葛瑞菲斯的努力终于有了回报。刚于2013年出版的第五版DSM终于将"咖啡因戒断"列入正式诊断。也就是说，DSM团队认为咖啡因等同于其他会产生戒断症状的药物，像是可卡因、尼古丁和鸦片。咖啡因戒断的诊断要成立，你必须要于使用咖啡因后停用或减少摄取量，并在之后出现几种症状，如头痛、疲劳、焦躁、情绪低落、恶心以及肌肉疼痛。

葛瑞菲斯进一步呼吁美国精神医学会将"咖啡因依赖"纳入DSM成瘾诊断中。他承认这么做的确有隐忧，要考虑到咖啡因依赖会被过度诊断。而当一个精神疾患被过度诊断时，DSM的权威就有被削弱的风险。

本着一如往常的实事求是，葛瑞菲斯针对咖啡因依赖进行了一场试验，以确认咖啡因依赖是否真能被确实诊断。他跟同事们贴出布告，寻找那些觉得自己"心理或生理上都对咖啡因产生依赖"或"过去曾尝试戒除咖啡因却失败"的人。

他们总共招募了94位符合收案标准的受试者。受试者们要针对自己的医疗记录和摄取咖啡因的习惯填写问卷。结果毫不让人意外：受试者平均每天要摄取550毫克的咖啡因（比7份SCAD还多）。但这群人中有1/4每天摄取不到289毫克。他们都有喝各种含咖啡因饮品的习惯：有一半受试者的主要咖啡因来源是咖啡，另外1/3的人则从软性饮料里摄取咖啡因。剩下少数几个人，20个人里大概只有一位，是通过喝茶的方式。

葛瑞菲斯跟同事们在一篇2012年的文章中提到："参加者希望戒除或减少咖啡因的摄取，最常见的原因是为了一般或特定的健康考虑……有趣的是，有些受试者表示，他们调整咖啡因摄取习惯，是为了减肥，因为他们平常选取的含咖啡因饮料通常是含糖的软性饮料。"

当研究者们将DSM的物质滥用诊断标准套用于咖啡因使用者，有93%的人符合诊断。但葛瑞菲斯建议，只有在另外符合三个附加条件时，才能称之为咖啡因使用疾患：（一）持续想要使用该物质，无法成功地戒断或控制使用量；（二）持续使用该物质，却没有察觉到持续或反复出现的身体或心理问题，而那些问题可能是咖啡因造成或使其恶化的；（三）出现戒断症状，或需要继续使用咖啡因以避免症状产生。

"但要符合诊断才没有这么简单。"葛瑞菲斯说。诊断成立的必要条件是，在上述的咖啡因使用模式下，"导致临床上显著的功能失常或情绪困扰"。

这些术语听起来很专业，但葛瑞菲斯表示，其实基本的诊断标准浅显易懂："咖啡因使用疾患的核心症状，就是患者有持续使用的欲望或无法戒除，就算已经出现生理或心理问题，仍要继续使用。以我看来，如果这些症状你都有，那就有所谓的成瘾症。你想戒，也有理由这么做，但是做不到，就算试了也一样。"他承认咖啡因依赖跟其他已知的物质成瘾有极大的差异。"当你增加咖啡因的摄取剂量，特征之一是，一开始会产生正面的效果。但接着你会突然进入撞墙期，副作用开始出现。随着咖啡因剂量增加，你会感到焦虑、紧张不安以及肠胃不舒服。这感觉跟摄取太多尼古丁时一样。"这使得咖啡因跟尼古丁的使用者都会自动减量，这也是它们和其他更典型的滥用药物（像是鸦片及安非他命）最关键的不同之处。且让我们回到"自我给药"的早期实验，大部分咖啡因使用者都会找到最适合自己的剂量和饮用模式，然后照这个方式继续摄取咖啡因。

对于咖啡因使用疾患没有被纳入第五版DSM，葛瑞菲斯感到十分失望，但有可能在下一版修订时就会被采纳。目前咖啡因使用疾患在DSM手册中列为值得进一步研究的议题，通常这是一个过渡阶段，未来就很有可能会成为正式诊断项目。正如咖啡因戒断在前一版的手册里，也是默默地待在最后几页酝酿许久。

咖啡因与其他药物

大部分人会将咖啡因成瘾跟鸦片成瘾划清界限。咖啡因成瘾者也许会做些夸张的行为举止来得到一杯提振精神的饮料，但不会去抢劫药局或银行。尽管如此，咖啡因以及其他药物的滥用之间还是存在一些微妙的关联。

咖啡因是最常被拿来当做海洛因的稀释剂，而且已行之有年。一篇1972年的外交关系委员会报告如此陈述："我们分析一种流通于越南、名为红砖的海洛因，发现里面的活性成分有3%~4%的海洛因，3%~4%的士的宁（strychnine），以及32%的咖啡因。这么低的海洛因通常会被当做垃圾看待。"

除了价格低廉、同样为白色粉末状之外，一定有其他的原因让咖啡因成为海洛因的稀释剂。阿富汗缉毒警察表示："抽食或吸食海洛因的毒虫，发现将海洛因混入一些咖啡因后可带来一些好处，因为咖啡因可以使海洛因在较低的温度就开始气化。"

咖啡因这么常作为稀释剂，于是有两个英国人光因为托运两种合法药物乙酰胺酚及咖啡因就被判有罪。最后证实这两个人将150千克的药品带入英国（从多佛港上岸，用一辆白色福斯小货车运送），为的是稀释海洛因，检察官因此将两人判处8年有期徒刑。

美国缉毒局的《微克公报》（*Microgram Bulletin*）是一份有关搜查毒品的综合报纸，警方查扣的各类毒品里经常掺有咖啡因。2003年于加州查获的梅杜莎摇头丸里，竟含有95%的咖啡因，会带来迷幻效果的中枢神经兴奋剂MDMA却只占5%。美国缉毒局也常起获经咖啡因稀释过的可卡因，以及混有咖啡因的假奥施康定（OxyContin）药丸。

一位在家自学的化学家为了寻求更强烈的咖啡因刺激效果，甚至在网络上教大家如何制作可吸食的咖啡因，就是"黑魔法"。这跟加热吸食的可卡因很类似，只是将加了氨水的浓缩咖啡放在炉子上加热。毒虫们喜欢在喝浓烈咖啡时抽大麻，并将这两者的组合称为嬉皮版的"快速球"（speedball，混有海洛因的可卡因）。这跟我们一般所知的快速球不同，但就算这么做也不会安全可靠。在小鼠身上的研究发现，跟单独使用大麻相比，合并使用THC（大麻里最主要的活性成分）和大麻对记忆力的损害更大。这样的混合物可能会让你看起来昏沉且呆滞，但至少不会送你上西天。知名演员约翰·贝鲁齐（John Belushi）就因为服用快速球过量而一命呜呼。

除此之外，还是有很多作用相似的药物——具有甲基安非他命效果的咖啡因药丸，有时还会被卖给不知情的消费者。

跟其他成瘾药物（像是可卡因或海洛因）相比，咖啡因刺激神经的方式的确不大一样。特别是它似乎对大脑里的多巴胺浓度影响较小。多巴胺是一种神经传导因子，与良好的感觉有关，跟成瘾药物的强化作用及自我给药的机制更有密不可分的关系。最具成瘾性的药物较有可能增加伏隔核（nucleus accumbens，大脑中央掌管愉悦感觉的中枢）里的多巴胺浓度。

咖啡因在这里还是有点功用。葛瑞菲斯和布里奇特·加勒特（Bridgette Garrett）1997年在一篇文献探讨里提到，他们发现咖啡因会适度地加强多巴胺的作用，原来是因为咖啡因会作用在腺苷受体，而该受体通常离多巴胺受体很近，有时甚至会直接与它作用。借由阻断腺苷，咖啡因可逐渐增强多巴胺的作用。他们还在文章中提到："虽然测量范围有限，但经过人体试验后，科学家也发现咖啡因所产生的主观刺激、区辨刺激及强化效果跟可卡因及安非他命产生的效果十分相似。"

几十年来，有些科学家进一步指出，虽然咖啡因会导致成瘾，但对于惯常使用者来说，这种药物只是用来缓解戒断症状。也就是说，咖啡因使用者跟海洛因成瘾者类似，持续摄取固定剂量就能避免戒断症状产生。英国的药物学者、医学博士狄克生（W.E. Dixon）在1930年写道："我们所知道的咖啡因对人类心智产生的作用，主要来自于那些早已对咖啡因'成瘾'的受试者。当然对那些人来说，服用咖啡因会显著改善症状。"

但还是有少数科学家认为，像毒瘾者那样依赖咖啡因一点好处也没有，只会让我们成为焦躁成瘾文化的一员，陷入不断增加剂量及耐受度的恶性循环。

研究者杰克·詹姆斯在2005年的一篇文献探讨里提到："在周全的控制试验下，研究者发现，一般人以为咖啡因能有效提神，有助于行为表现及情绪，但这几乎可以归因于停用咖啡因一小段后，戒断症状获得缓解所产生的效果。"

葛瑞菲斯认为这种观点太极端了，但后来还是有好几个研究支持它。在一篇2009年发表的论文中，两位维克森林大学医学院的学者做了一项实验，对比持续使用或戒断期间哪个咖啡因效果较强。他们发现，禁用咖啡因30小时后再服用效果更好，但不论哪种状况下，两组受试者的注意力及记忆力都变好了。这也证实，有摄取咖啡因习惯的人在面临要花脑力的工作时，需要服用更多咖啡因。

综合上述内容，咖啡因很明显是有好处的，但对于惯常使用者效果会打折扣，因为有部分效果会被移至减轻戒断症状。

偏好咖啡因

有些人像萨特尔一样，认为我们喝咖啡和饮用咖啡因产品主要是由于一些次要的原因——咖啡的风味以及伴随而来的社交互动，而非只想摄取咖啡因。葛瑞菲斯则不这么认为，他告诉我，全世界好几种饮用模式都是由咖啡因驱动的。

"你会发现，不同的文化都有属于自己的咖啡因摄取法。当我们在奈及利亚时，会咀嚼可乐果的果实。有些国家会通过茶来取得咖啡因，例如南美洲的瓜拿纳茶及玛黛茶。你会发现世上大多数的人每天都会摄取咖啡因。这并不只跟咖啡、茶或软性饮料的味道有关，因为不同的文化有不同形式的饮品，重点是咖啡因会促使人们养成一样的自我给药习惯。这些习惯共同起源于咖啡因。美国和各地学者完成的研究都显示，无论通过咖啡、胶囊或软性饮料传递咖啡因，它所产生的效果都一样，这也明显地证实了咖啡因扮演的重要角色。"

世界各个角落对不同形式的咖啡因饮品所产生的偏好，让我们更加确定我们要研究的目标就是这种药物。借由调控过的风味偏好试验，科学家们更加确认了这一点。

英国团队在1996年发布了研究报告，他们在实验中设计了两种胶囊，一种含100毫克的咖啡因，另外一种是含有新口味果汁的安慰剂。结果，习惯摄取咖啡因的受试者比较喜欢放了咖啡因胶囊的饮料。说到底，受试者会选择含有咖啡因的饮料，是受到咖啡因影响，而非咖啡本身的味道。他们在报告中这样写道："我们的研究结果提供了强有力的证据，证明了咖啡因的强化效果。人们之所以偏好含咖啡因的饮品，咖啡因应该扮演了重要的角色。"

20世纪80年代早期，健康专家及软性饮料企业间开始出现意见分歧，葛瑞菲斯其中一篇更具争议性的研究便从中应运而生。健康专家认为，饮料会加入咖啡因是因为有提神的效果。但业界长久以来都坚持，加入咖啡因纯粹只是为了添加软性饮料的风味。在1981年，美国食品药品监督管理局收到一封信，反对政府准备管制咖啡因。这位可口可乐的律师写道："几十年来，可口可乐将咖啡因视为基本成分，当做风味添加剂加入可乐。"国际食品信息委员会（International Food Information

Council）在2008年的一篇报告里声明："咖啡因加入软性饮料是作为调味剂。它赋予产品苦涩的味道，能平衡其他成分带来的酸味及甜味。"

葛瑞菲斯跟同事们拿出了添加和没有添加咖啡因的可乐溶液，测验那25位受试者是否能尝出其中的差异。如果可乐溶液中含有的咖啡因浓度接近市售可口可乐，那么只有两位受试者能察觉其中的差异。

"研究发现，平常有规律地饮用可乐的消费者族群中，只有8%能察觉各种可乐中咖啡因的浓度对口味的影响。但软性饮料厂商宣称，他们添加咖啡因是因为它在调味上扮演不可或缺的角色。两种说法南辕北辙。"葛瑞菲斯写道，"此报告对一般大众、医学界以及政府主管机关十分有帮助，让他们了解到，群众高比例地摄取含咖啡因饮料这一现象反映出咖啡因会影响情绪并造成生理上的依赖。这些效果是由于咖啡因能激活中枢神经系统，而非单纯地作为调味剂。"

可口可乐公司也不是一直都避谈咖啡因活化精神的效果，毕竟可乐一开始就是当做兴奋剂来销售的，但之后100多年，该公司都避免提及咖啡因会带来的兴奋效果。原因来自我们接下来会谈到的一则法庭裁定案例。除了软性饮料公司，大众消费市场中的许多制造商也都避谈成瘾药物的作用。

咖啡因与尼古丁

100多年来，全美好几家最赚钱的公司竭尽所能，让消费者无法离开这些具成瘾性且致命的产品。几家烟草公司被揭露调整尼古丁的剂量，使香烟能产生成瘾效果，并隐匿相关的健康风险，不告知消费者。这简直是20世纪最大的公共卫生丑闻。

也正是这时候开始，咖啡因的故事变得特别具有争议性。当葛瑞菲斯在他的咖啡因研究里越钻越深时（一开始的用意是要更了解其他被滥用的药物），他发现可乐里加入的咖啡因跟香烟里的尼古丁其实有惊人的相似之处。

我问他是不是用推论的方式做出这样的判断。

"不，完全不是这样的。"他回答我。

"你的意思是这二者是同样的东西？"

"当然。"葛瑞菲斯说，"两种化合物都会通过中枢神经系统影响精神状态，都会导致生理上的依赖，都可以作为强化剂，都会让消费者持续且永久地使用相关产品。"

从尼古丁跟咖啡因这两个例子来看，葛瑞菲斯觉得有必要去讨论药物如何导致形成长久的习惯。

"过去很长一段时间，如果有人觉得香烟跟药物扯得上边，一定会被认为太大惊小怪了。抽烟是很普遍的日常习惯，且可以让人心情缓和，做起事情更加专注。"

但这样的论点后来就大大改变了，人们发现抽烟明显会危害健康。然而，香烟的议题浮上台面，并不是因为人们关心尼古丁，而是伴随成瘾而来的健康危害。随着抽烟比例的下降以及肥胖比例的上升，后者取代了前者，成为美国最受到关注的健康议题。肥胖及含糖软性饮料间的关联性已非常明确。2012年，几位哈佛的研究学者在《新英格兰医学期刊》发表文章："过去30年来，饮用含糖饮料的比例越来越高，许多可信的研究结果也证实了含糖饮料及肥胖风险之间的正相关性。在美国，饮用含糖饮料及肥胖的流行率从20世纪70年代至今，已增长了两倍。"

伴随肥胖人口上升而来的，就是庞大的健康支出，且大部分是由纳税人支付，通过医疗补助计划全民买单。根据2008年的一项统计，美国为肥胖问题所花费的医疗资源预计为1470亿美元。

凯莉·布朗聂（Kelly Brownell）是研究食物成瘾及肥胖的专家，她在接受《耶鲁大学环境三六〇》（*Yale Environment 360*）杂志访问时谈到二者的关系："咖啡因现在变成了关键因素，是因为它常伴随热量一同出现。如果你所摄取的含热量食品里含有咖啡因，你就会变成它的老主顾，这是因为咖啡因本身具有些微成瘾性。不用说，你的健康之后就会亮起红灯。"

可口可乐公司也在2013年1月份间接地于一项广告活动中承认咖啡因与肥胖间的关联。活动开始时，他们在新闻稿中提到："今晚我们会在全国各有线新闻中播放一段两分钟的短片，名为《一起来》（*Coming Together*），旨在鼓励大众管理体重时多留心，计算卡路里时要列入可口可乐的产品、所有的食物及饮料。"

用咖啡因类比尼古丁也许太过极端，但这样确实让人怀疑。香烟会危害健康，主因并不是尼古丁本身，而是烟焦油会伤害我们的身体。同样的道理，软性饮料里主要危害健康的成分并不是咖啡因，而是糖分。在这两个例子里，传递机制（香烟跟苏打水）都含有成瘾性药物（尼古丁跟咖啡因）以及对健康有害的物质（烟焦油和糖），并且销售这两种产品的公司其实都十分清楚两种成瘾药物的特性。

葛瑞菲斯并不是第一个指出咖啡因及尼古丁之间的相似之处的人。为了让尼古丁的作用跟咖啡因看似相去不远，烟草公司的专家也常提到二者间的雷同处。肯德基大学的彼得·罗威尔于1990年说道："我觉得尼古丁位于成瘾药物里比较弱的那一端……就药理作用来说，尼古丁不像常见的几种滥用药物，反而比较类似咖啡因。"雷诺烟草控股公司（R.J. Reynolds Tobacco Company）的约翰·鲁滨逊也表示："我认为，就生理学、药理学以及行为上的影响来看，咖啡因跟尼古丁在本质上就跟海洛因还有可卡因这类成瘾药物不同。"

充满干劲的美国食品药品监督管理局专员戴维·凯斯勒指控香烟公司操纵尼古丁剂量，让消费者上瘾。这个议题因此被炒得沸沸扬扬。让我们看看他1994年3月于国会小组中的发言："一般大众认为，香烟只是卷在烟纸里的混合烟草，但不仅于此。如今，有些香烟甚至可称为高科技的尼古丁传递系统，可将精准计算过的尼古丁剂量传递给消费者。这些剂量比消费者真正需要的更高，还可以让多数平常就在抽烟的人们维持成瘾的状态。"

同样一段描述，且让我们将"香烟"换成"软性饮料"，"尼古丁"换成"咖啡因"：

> 一般大众认为，软性饮料只是装在罐头里的混合饮料。但这些饮料不仅于此。现今，有些饮料甚至可被称为高科技的咖啡因传递系统，可将精准计算过的咖啡因剂量传递给消费者。这些剂量比消费者真正需要的更高，还可让多数平常就在饮用的人们维持成瘾的状态。

凯斯勒接着做这样的模拟："报告主席，这些物质可精细调整，活化不同程度的生理反应。也就是说，我们在香烟工厂里的所见所闻，跟制药公司越来越相似。"

这样的模拟还真贴切。几十年来，可口可乐以及所有其他几家软性饮料大厂都使用制药工厂生产出来的咖啡因。咖啡因提神效果在产品中是这么重要，但各大饮料厂还是不愿正面响应。

国际食品信息协会是一个由企业赞助的非营利组织，它在自家的官网上放了一支影片，路易斯安那州的家庭医生赫伯特·曼西在里面侃侃而谈，反驳有关咖啡戒断的研究。自称有戒断症状的人，有可能"在摄取咖啡因前就有嗜睡及头痛现象"。

美国饮料协会（American Beverage Association）是举足轻重的商业协会。2011年底的时候，针对外界对能量饮料大厂的批判，美国饮料协会重炮回击："无论如何，不管这些报告有什么结论，咖啡因都不是一种药物。"

这份声明与近一个世纪以来的科学研究背道而驰。这些饮料公司也太虚伪：这个星球上到底还有谁比它们更清楚咖啡因的问题呢？尽管美国的人均软性饮料摄取量已在1998年达到高峰，并在之后开始下滑，美国仍是这个产业的消费龙头，每年碳酸饮料售出金额达770亿美元。全美最热销的几款软性饮料——可口可乐、健怡可乐、百事可乐、山露汽水以及胡椒博士汽水（Dr. Pepper）都有一个共同之处让它们与气泡水不同，那就是都加有咖啡因粉末。

咖啡因如此具有吸引力，于是美国的装瓶商每年将超过一亿磅的成瘾粉末加进软性饮料。这个传统已延续一个多世纪，却仍默默地隐藏在美国商业市场的阴影下，不可见光。

第二部

现代咖啡因

第六章　红牛饮料的始祖：可乐

第一瓶能量饮料

在全美各地任何一个街角的超市或杂货店，冷藏柜里装的主要都是能量饮料。其中最为人所知的是怪兽能量饮料、红牛、摇滚巨星能量提升饮料、Amp能量饮料以及NOS能量饮料，但除此之外，还有其他几十种能量饮料，像是Gazzu、HyDrive和Neurosonic。

能量饮料是新蹿红的时髦商品。红牛直到1997年才首次在美国销售，当时其他牌子的能量饮料甚至连配方都还未研发出来。看着架上的这些饮料，你会情不自禁地想问：这些罐装、灌有二氧化碳气泡的咖啡因传递机制，为什么可以有这么大的改变？但这么问可能会比较合适：这些改变为什么要花这么久的时间？

要更了解能量饮料，我们需要回溯到一个世纪以前。1909年，有个男人叫艾萨·坎德勒（Asa Candler），他是亚特兰大人士，拥有一家银行、塞满了棉花的仓库和很多不动产，同时也对经营铁路很有兴趣。8年之内，他成为这个发展快速的城市的市长。

坎德勒名下有一栋亚特兰大市内最高的建筑，那是一栋17层楼高的坎德勒大楼，其阴影刚好可覆盖整条桃树街。这栋大楼建造时，坎德勒在基座上摆了瓶可口可乐。与可口可乐配方的研发者争取配方权利的20年期间，坎德勒将这个新奇的在地商品变成了整个地区最大的金鸡。他每年销售的饮品超过100万加仑，也就是超过1600万瓶。在南部雄踞一方后，坎德勒蓄势待发，准备征服全美国的饮料市场。他的梦想是进军全球。早在人们听闻能量饮料这个名词之前，坎德勒就已开始兜售几百万瓶加有些许咖啡因的含糖饮料。

坎德勒当时把可口可乐当成提神饮料卖，名字则取自最早配方里的两样兴奋物质：古柯以及来自非洲的含咖啡因的果实可乐果。1909年有则诡异的广告，画面中一只吓人的大手从苏打水瀑布里伸出来招手示意。广告文案写着："累了吗？过来享用一杯可口可乐吧！保证消除疲劳。"当时，一瓶8盎司的可口可乐含有81毫克的咖啡因。这样的剂量刚好，少于一杯普通咖啡所含的咖啡因，但又比一杯浓茶还多。大约高于一份SCAD。和现今一罐12盎司的可口可乐相比，当时所含的咖啡因比现在的两倍还多一些，差不多就是一罐8盎司红牛饮料所含的咖啡因剂量。

换句话说，第一瓶红牛饮料，其实就是可乐。

关于咖啡因的对决

　　但在1909年，坎德勒得亲上火线面对挑战。他的敌人非常难缠，此人就是哈维・华盛顿・威利（Harvey Washington Wiley）。身为美国农业部化学局（食品药品监督管理局的前身）同时也是州际纯食品委员会（Interstate Pure Food Commission）的主席，威利责任重大，得落实《纯食品与药物法》（Pure Food and Drugs Act）。

　　威利在1902年成立试毒小组（Poison Squad），因而声名大噪。这个小组是由20人组成，其任务是吃下添加防腐剂的食物，包括硼砂、甲醛、硝酸钾，等等。任务期间长达好几年，为的是了解防腐剂对人体造成的影响。记者戏称威利为"老硼砂"及"化学十字军"。试毒小组更激发了民众的创意，写了首广为流传的小调："下星期他就会给他们吃加了纽堡酱或其他酱料的樟脑丸。别担心，他们会撑过去的。"威利利用民众对试毒小组的注意力，于1906年成功推动了《纯食品与药物法》。

　　威利警告美国人防腐剂有多危险后，坎德勒开始担心，因为威利的下一个目标是咖啡因。他表示咖啡因是一种会上瘾的添加物，不应当销售给儿童。有趣的是，威利所指的并不包括他每天都要喝的咖啡，而是可口可乐的关键成分咖啡因。他认为可乐中并不包含其名称所示的两种成分——古柯和可乐，而是含有和鸦片及大麻同样具成瘾性的咖啡因。

　　两人的对决于1909年10月20日揭开序幕，当时联邦干员们在田纳西州的东岭等待佐治亚州的货运卡车前来。在卡车跨过州际线的同时，上面的货物就归州际商业法（interstate commerce）所管，也就是美国政府的管辖范围。干员们扣押了车上的货物：40大桶及20小桶可乐糖浆。可口可乐的总工厂在亚特兰大，这些糖浆由此运往查塔努加的装瓶工厂。联邦政府依照《纯食品与药物法》起诉可口可乐公司，原因是饮料内掺杂有害成分咖啡因。

《亚特兰大立宪报》（*Atlanta Constitution*）做了一则相关的小篇幅报道，但这个案子如同雪球般很快越滚越大：

> 查塔努加市，田纳西，10月20日电。美国地区检察官潘兰发表声明，将对可口可乐公司提出控诉。该公司从亚特兰大将一车车糖浆运往查塔努加的可口可乐装瓶工厂。根据声明所述，检方提出控诉的理由是，可口可乐里含有咖啡因，检方认为该物质有害健康。检方进一步指出，这些托运货物标示不实，饮料里并未含古柯叶的活性成分，但联邦政府以为自己管控的是桶上标示的物品。饮料含有的咖啡因不是从可乐果而来，而是从茶叶里萃取出来的。

美国政府和可口可乐公司之间的争霸战不仅仅是历史上的奇闻轶事，更为接下来一个世纪的咖啡因管制揭开序幕。

这个案子花了两年才终于在1911年3月步上法庭。威利于1911年3月从他位于华盛顿特区的家出发，前往查塔努加旁听法庭辩论。当时民众称此事件为"联邦政府对抗40大桶及20小桶的可口可乐"，或简称"可口可乐大审判"。

情势一开始看来对威利不利。他在雅致的金船饭店登记入住，稍后却发现饭店的老板卢顿居然是可口可乐在查塔努加的瓶装商。"我提议在华盛顿哥伦比亚特区开庭，我们在那儿有较多专家可咨询。但检察官麦凯布却指示要将诉讼案移至查塔努加。可口可乐规模庞大的装瓶工厂就在那里，舆论自然会倒向该公司。"威利写道，"我到了那边，发现入住的饭店竟是可口可乐那帮人所有。"不消说，对被告最有利的地方当然是亚特兰大。

在经过一周的法庭问询后，联邦政府于3月21日停止诘问，检察官觉得已经对可口可乐公司提出了有力的攻击。在整个诉讼过程中，威利这位政府最著名的食品专家却完全保持沉默。他坐在那里观看了整场审判，觉得没有亲自研究咖啡因就上庭作证，是很不恰当的行为。不久之后，他就会对这样的决定感到后悔。

陪审团听取了路易斯·谢弗博士的证词。谢弗的公司位于新泽西州湖林市，这家生物碱工厂负责生产可口可乐的关键成分"五号商品"（Merchandise No. 5）。根据证词，他使用的原料是磨成粉末的可乐果及去除可卡因的古柯叶。其他证人则表示，饮料里的咖啡因取自从亚特兰大购买的咖啡及巧克力。

但大部分的证词都很可疑且偏袒某一方。查塔努加市的医师布朗替可口可乐作证，评估可乐对人体所产生的影响。根据《亚特兰大立宪报》的报道："布朗医师在法庭表示，他检验了100名平均年龄24岁的男性，都是可乐的爱好者。结果显示，这些受试者都不曾因饮用可口可乐而受到影响。"

有些证人的证词更是无专业性可言。可口可乐公司的一名专家维特豪斯博士出庭作证，表示咖啡因不是一种毒品。接着，检察官拿出一本维特豪斯先前的著作，书中他不仅宣称咖啡因是种毒品，更详尽地举出13个因过量使用咖啡因而致命的案例。来自费城的药剂师伍德也被检察官抓包，他曾撰文表示咖啡因会阻碍肌肉发展，但在法庭上的证词却与过去大相径庭。（这两个例子中，证人都辩称，自己的著作中与证词相抵触的部分，都是从其他数据抄来的，因此检察官挑出的这些段落应该本来就错了。）

也因此，这场审判充满激情、不可靠的证据以及伪科学。在那个年代，如此重要的法庭辩论会这样一点也不奇怪。真正让人瞠目结舌的，是接下来要发生的事。

可口可乐公司在审判进入第三周时仍旧气势如虹，他们的律师此时才要拿出秘密武器。早在几个月前，律师团意外发现了他们在抗辩时的弱点，因为当时几乎所有的咖啡因研究都是在动物身上进行的。可口可乐公司需要找到人愿意进行人体试验，以反驳威利的指控，证明可口可乐不会导致精神异常。动作要快。

几年前，研究员里弗斯（W.H.R. Rivers）进行了相关的人体试验，结论是咖啡因可减缓疲劳感，并提高工作的能力。可惜的是，受试者只有里弗斯本人以及另一位男子。

好几位有头有脸的精神科医师都婉拒了可口可乐公司的邀请，害怕答应该企业的请求有损自己的名声。此时，哈里·霍林沃思接受了可口可乐公司的条件. 当时他刚获得哥伦比亚大学的博士学位，正在巴纳德学院任教。

时间是如此紧迫，霍林沃思白天还有自己的工作要进行。在这样的情况下，日复一日协助他进行研究的，是他的夫人莉塔·霍林沃思以及一群助理。在短短40天内，他们承租了一间曼哈顿公寓，召集了16位受试者——除了偶尔、中等和频繁摄取咖啡因的人外，还有戒咖啡因的人——并完成了一连串精细的检查。研究人员在戒断、适当使用及重度使用咖啡因的情境下，评估受试者的认知功能、感知能力以及运动的技巧。他们进行了单盲及双盲试验，并使用包含和不包含咖啡因的胶囊、安慰剂以及可口可乐糖浆。

在审判于查塔努加市开始不久，霍林沃思就完成了这项研究，对自己缜密的研究成果信心满满，并于3月27日出庭作证。隔天，《查塔努加每日邮报》这么写道："霍林沃思博士的证词是这场早晨听证会的重头戏。他制作多张图表，搬出科学仪器以佐证自己的论点，也就是咖啡因不会导致次发性抑郁症。和其他的证词相较，他提出的证据在当下是最有趣且技术上最具说服力的，就连交叉诘问也无法撼动他做出的推论。"

尽管战况看起来十分乐观，可口可乐的律师团还是不放心将赌注全押在陪审团上。在霍林沃思作证的一周后，他们提出了驳回起诉的申请，并且声明他们加入产品中的咖啡因一直都是配方上的固定成分，如果去除了咖啡因，可口可乐就再也不是可口可乐了。

法官爱德华·桑福德也同意可口可乐律师的申请。他在裁决里如此写道："加入可口可乐饮料里的咖啡因，是常规且必要的成分。若没有咖啡因，变成无咖啡因饮料，该产品就会失去最必要的元素。而期待能从中获得咖啡因特殊效用的消费者们就会无法获得满足。"

值得注意的是，法官在此强调，咖啡因带来的提振精神的作用是可乐最具特色的效果。当然，这是可口可乐公司将咖啡因标示成调味剂之前的事了。

桑福德法官更进一步建议，可口可乐公司最好不要将咖啡因从产品中去除。"简单来说，没有咖啡因的可口可乐就不是大家所熟知的可口可乐了，看商标而购买的消费者也就无法从中得到预期的效果。此外，不含有咖啡因的可乐如果在市面流通，购买此商品的大众实际上就是被欺骗了。"

可口可乐跟霍林沃思打了场胜仗，但战火仍绵延不断。

　　《纯食品及药物法》的缺陷之一，就是它不够明确（篇幅太短了，内容只占了6页）。美国国会在1912年考虑修订法案，使它更容易被解读或加入条文，像是将咖啡因列为会成瘾或有害的物质。

　　在众议院州际与对外贸易委员会（House Committee on Interstate and Foreign Commerce）的法案修订听证会上，威利回想起他所挂心的可口可乐。（他以一般民众的身份出席委员会。在一个月之前，他刚因一连串受争议、泛政治化以及一些私人的因素被迫辞职。）

　　在听证会上，威利提到，他近期收到一封肯塔基州医师的来信，内容大多是关于饮用可口可乐的习惯。"我实在不乐见这种饮料控制人们的生活。"罗伯逊医师在写给威利的信中说道，"在行医过程中，我逐渐发现长期饮用可口可乐会产生慢性的消化问题，而这些病患都拒绝承认自己喝了太多可口可乐，甚至说谎。由此看来，他们跟吗啡成瘾的病患有类似的特征。"

　　但国会议员爱德华·汉密尔顿很快就打断了威利的发言："一般瓶装的可口可乐，其中含有的咖啡因并不会超过同容量的咖啡所含有的咖啡因。同理，跟饮用咖啡的习惯相比，可口可乐还称不上是种成瘾药物，也绝不会被认为是成瘾药物。"

　　议会成员担心，若在法案修订时将咖啡因加入清单，意同视咖啡因为成瘾药物。因此，汉密尔顿提出显而易见的疑问："我们要拿咖啡怎么办呢？我所拥有的相关知识很浅薄，好吧，几乎可说是一无所知。但不消说，咖啡像可口可乐一样随处可见，想必对人体多少也有所损害吧？"

　　威利如此回应："当然，您说的没错。但现实中我不会太在意这个问题，因为我们通常是随餐饮用咖啡，但可乐这种药物则常常空腹直接灌进胃里。在许多情况下，咖啡因对我们的身体会造成不好的影响。我们知道要让孩子们远离咖啡跟茶，就我而言，也知道睡前不要喝咖啡。"

威利越说越生气，甚至火冒三丈地发表激烈的言论："为什么这个国家的人们如此容易受到这糟糕的药物控制？为什么你应该缓解疲惫的感觉，好让你可以工作到精疲力竭？咖啡因让你无法察觉自己已经累了。疲惫是很自然的身体反应，告诉我们再不停下来就会有危险。如果你勇往直前，还将所有开关的警示器都关掉，铁路运输怎么维持安全？这些都是危险的警示。到底什么是疲劳？疲劳是人体的自然反应，告诉我们已经做得够多了。你拿起一瓶可口可乐，上面贴的标签写着'消除疲劳'。这个饮料是如何消除你的疲劳呢？是提供给你更多的能量或食物吗？不！——是消除疲劳的感觉，将我们对危险的感知直接删除。当你感到累的时候，该做的是休息，而不是喝可口可乐。"

威利坚持该法案不可适用于咖啡或茶，因为在这些饮品中，咖啡因不是添加物，而是天然存在的成分。在整个谈话过程中，他的态度坚定且诚恳，但又不失幽默感，甚至还取笑提供清淡咖啡的餐厅。现场有人问，一瓶可口可乐含的咖啡因是否跟一杯咖啡一样，威利是如此回复的："容量一样时，一杯可口可乐跟一杯咖啡含的咖啡因剂量是同等的。虽然咖啡里的咖啡因含量会有变动，但有些餐厅提供的咖啡几乎没什么咖啡因。哈哈！"

可口可乐的代表律师赫希认为，这个议题不该由国会主导，毕竟案件仍在法庭里如火如荼地进行，也就是应该回到"40桶糖浆"事件本身。总结时，律师赫希代表可口可乐直接点名威利，说他在查塔努加的法庭上放弃出席作证的机会。赫希接着说，这场审判让大家明白了几点："至今发现的科学证据都显示，咖啡因并非成瘾或有害的药物。查塔努加法庭上所引用的证据，显示许多关于可口可乐的夸张描述都不是真的。修订法案时，应将可口可乐与茶、咖啡归为同一类。"

最终，咖啡因还是没被列为成瘾或有害的物质。

辞去政府职位后，威利运势转好。他替《好管家》（*Good Housekeeping*）杂志主持实验室，最后更发展出"好管家认证标章"。他也持续在杂志中撰文批评可口可乐。

接下来的5年，美国政府对这个判决耿耿于怀、紧追不放，持续上诉。该案在1916年送到美国最高法院，却被打了回票，发回地方法院重新审理。但在地方法院，案子最后无疾而终，没有下文。可口可乐公司在这期间更改了饮料的配方，并声称美国政府的指控不再成立。地方法院在1917年也同意他们的说辞。在最终的协议裁决上，可口可乐公司拒绝承认标示不实及掺杂有害物质，并成功地取回被查扣的货品（难以想象他们要如何处理这些搁置了8年的货物），只是还是要付上法庭的费用。

可口可乐公司还是受到了这场判决的影响，在判决后降低了产品配方内的咖啡因含量（虽然没有白纸黑字的文件证明实际的数据）。在那之后，饮料内的咖啡因剂量起起伏伏。可口可乐目前的剂量在1958年拍板定案：每份12盎司的可乐含有34毫克的咖啡因。他们甚至因此跟食品药品监督管理局叫板，表示现在的配方"早就行之有年了"。

如何规范使用咖啡因

这个案子一出现就吸引了大家的目光，却无法解答相关单位、科学家及消费者至今仍感到困惑的问题：咖啡因要摄取多少才是过量？和咖啡及茶中天然存在的咖啡因相比，咖啡因加在软性饮料里有什么不同呢？咖啡因是否会成瘾？这些饮料可以卖给孩童吗？联邦政府又要如何管理这些饮料的销售呢？

这场审判预言了接下来一个世纪民众对咖啡因的矛盾心情。一方面，美国民众疯狂需求咖啡因，可乐、茶、咖啡及能量饮料热销。另一方面，咖啡因可能是成瘾性毒品这件事又让我们辗转反侧、心神不宁。

这种认知失调的情况，若要举最好的例子，得把威利先生再请出来。1912年的11月，他在纽约阿斯特饭店为美国国家咖啡协会（National Coffee Association）发表演说。虽然演讲的主题是"咖啡作为国民饮品的好处"，这位激进的化学家还是忍不住要戳一下东道主的痛处。《纽约时报》这样记录威利的发言："假设适量饮用咖啡不会伤害身体，可是像我这样适量饮用的人，都可以因为多喝了一杯咖啡而无法入眠，而且还只是小小的一杯。去告知消费者过度摄取或沉溺于咖啡因会带来的危险，正是你们这些厂商的责任。"

然而，威利承认他跟大多数的美国民众没什么两样，每天还是需要喝咖啡。"我知道喝咖啡对我没有好处，但就是喜欢来上一杯。"

霍林沃思成功地履行了与可口可乐公司签订的合约。他的太太莉塔也从哥伦比亚大学获得博士学位，并成为女性主义心理学的领导者。不久之后，哈里更荣登美国精神医学会的会长。

霍林沃思的研究是如此具有权威性，以至于至今许多文章仍会引用他的文献。他将自己的研究在1912年整理成一本书：《咖啡因在精神及动作效率上的影响》（*The influence of caffeine on mental and motor efficiency*）。在研究中，受试者描述摄取咖啡因后的状态，结果都很相似且有参考价值。其中一位受试者在人体试验前从未使用过咖啡因，在服用4克咖啡因（相当于一杯12盎司的浓烈咖啡）后，他如此描述当时的反应："我的精神越来越好，直到凌晨4点才会疲累。有一段时间我觉得生气蓬勃，心情愉悦。许多奇异的想法在我脑中奔腾流泻，甚至还盗汗了三次，接着愉悦的感觉逐渐消退，开始出现一些休克后的症状。我的双手双脚不停发抖，对习以为常的观念不大有信心，变得十分多疑。"另一位受试者在试验前规律地使用咖啡因，在停用咖啡因一天之后，他这么记录："感觉自己整天像是个没有大脑的人。头脑比平常还要笨拙。除此之外没有太大的变化。"

在为受试者进行算术测验的时候，霍林沃思注意到："所有的受试者在服用咖啡因之后反应都十分明显。他们的成绩有成倍的进步……没有证据显示这些受试者之后出现次发性抑郁。"

如同许多优秀的科学研究一样，霍林沃思的咖啡因研究解释了一些疑问，却挖掘出了更多问题。霍林沃思写道："我必须承认，对于药物作用于神经组织的详细机制，我们目前的知识其实是非常缺乏的。但目前的数据已显示，咖啡因确实能增加我们的工作生产力。这样的结果完全是药物所带来的效果……精心设计的试验也如此证明，完全不用怀疑。但我们仍然不清楚工作能力增加的原因，是因为药物作用产生了新能量？是药物促使体力恢复？还是其实体力早已恢复，只是药物让身体能更有效地使用能量？或是疲劳的感觉被减弱，使得个体的表现水平提升？还是次发性传入冲动（secondary afferent impulse）的抑制被减弱？"这些都是科学家们近一个世纪以来，绞尽脑汁想解答的问题。

1912年《美国医学会期刊》（*The Journal of the American Medical Association*，JAMA）有篇评论欣然接受霍林沃思的研究成果并表示赞赏。

"严谨的科学试验加上有才能的调查者精心研究咖啡因这类药物在人体上造成的影响，真是让人感到心满意足。唯有如此，才能让我们在之后讨论含咖啡因饮料的潜在危险时，有个证据确凿的数据可参考。"

霍林沃思所做的不只是将咖啡因的优点量化，更为应用心理学奠定了持久的研究方法。他对于咖啡因影响身体及大脑的综合观察，虽然已经被许多当代研究者修正过，但时至今日仍常被用作范例。

声名大噪的查塔努加审判除了占据各大报头条几周之久，还带来三项深远的影响。首先，霍林沃思因此展开了前瞻性的研究，让我们了解咖啡因如何影响人类的精神状态；其次，人们开始思考要如何规范咖啡因的使用，持续讨论至今日。最重要的是，此案为业者排除了障碍，含咖啡因的软性饮料将开始进军全美各地。

第七章　热腾腾的咖啡因

成为日常必需品

可口可乐并没有通过同名原料的可卡因或可乐果让大众精神起来，而在坎德勒先生把咖啡因粉末混入饮料里时才达到这样的效果。虽然可卡因跟可乐听起来比咖啡因还带有异国风味，但真正在后面发力的其实是后者。

一家位于圣路易斯的小化学公司在1905年开始替可口可乐公司生产咖啡因。这家刚起步的公司先前已经替可口可乐生产过香草醛及糖精，咖啡因是他们生产的第三项产品。几十年后，这家化工公司从茶叶残渣中萃取咖啡因，以供应给软性饮料产业。而这家公司的名称叫做孟山都（Monsanto）。

孟山都最终成长为巨型的跨国公司，他们最著名的是生产的"农达"这类除草剂，以及经基因改造可抵抗杀虫剂的农作物。但该公司早期的成功还是要归功于咖啡因。孟山都的化学家加斯顿·杜比斯夸赞咖啡因："因为有它，我们公司在20世纪初的头10年才能站稳阵脚。"

随着对咖啡因的需求增加，其他公司也开始从茶叶中萃取咖啡因。1918年，《药物及化工市场》（*Drug and Chemical Markets*）期刊报道了一家位于中国台湾的化学公司。该公司的厂房预计每年要生产5000磅咖啡因，再送去东京精炼。文章中提到："每1000磅中国台湾茶可被萃取出的咖啡因总量，根据所选用的茶叶质量，范围从3磅到10磅不等。"

1912年，孟山都的利瓦伊·库克要求国会增加关税，以抑制进口咖啡因。库克在听证会上表示："生产1磅咖啡因需耗费50磅茶渣，当然，这些茶渣都是进口的。"他要求国会降低茶渣的进口关税，要不就增加咖啡因成品的关税，这样才能让国内产品有竞争优势，好跟日本制的咖啡因一较高下。

"孟山都化工公司认为政府有义务设立明确的保护机制，咖啡因成品每磅的关税至少增加1美元，这样制造此产品的工厂才能继续运营下去。"库克说道，"这些进口的咖啡因虽然之后还是会持续输入，但要缴税。这样一来就能保障我国公司的竞争力，阻止日本垄断这项产品。"很快地，巴西的公司也加入战局，每天处理超过13000磅的玛黛茶，生产出大约130磅的咖啡因。

当软性饮料逐渐从古怪的成药变身成为美国最受喜爱的饮料时，民众对咖啡因的需求也水涨船高。这种白色的苦涩粉末成为日常必需品，这个竞争激烈的国际产业也在急起直追，以满足瓶装商持续增长的需求量。

去咖啡因

截至1945年，全美已有4家公司生产咖啡因。两家位于新泽西州梅伍德的公司和孟山都从茶叶中萃取咖啡因（与此同时，孟山都在弗吉尼亚州从可可果的残渣中提炼可可碱，接着运送到蒙特利尔制成咖啡因）。另一家通用食品公司则从咖啡中提炼咖啡因，这是生产无咖啡因咖啡的流程之一。通用公司至今还是在得克萨斯以此方法生产咖啡因。

在休斯敦市区的高楼大厦丛林以东几英里外，有条绵延至码头炼油厂的铁路，铁路旁坐落着一栋杂乱无章的工业建筑，屋顶上爬满管道。四周弥漫着烘焙咖啡豆后出现的复杂气味。当大风吹起时，即使身在休斯敦闹市区，都可以闻到飘荡在空中的气味。

这座工厂就是麦克斯莫斯咖啡集团（Maximus Coffee Group）的厂房，规模差不多是9间沃尔玛大卖场那么大。它占地如此之广，就连执行副总裁里奥·瓦斯奎（Leo Vasquez）先生在领我前往工厂西南角时，还需要向自己的员工问路。

一路上，我们随处可见烘焙过、研磨过和包装好的咖啡。看着一罐罐、一袋袋的咖啡从生产线上像赶集般地依序而出，这场景着实让人着迷。咖啡成品装入真空处理过的咖啡袋、咖啡胶囊、咖啡罐或单包咖啡，你可以听到包装时发出的叮当、嗖嗖的单调的杂音此起彼落。另外一头的建筑是负责生产速溶咖啡的厂房，咖啡在这里用巨型过滤器冲泡，然后喷洒到高温空气中，在那瞬间它们被烘干成粉末。

方形、白色的"超级袋"堆放在仓库内，每个袋子装有2000磅的咖啡。一辆卡车倒车进入卸货平台，缓缓倾斜，然后将20英尺（约合6.1

米）货柜的咖啡豆倒入漏斗槽内。瓦斯奎告诉我，麦克斯莫斯的咖啡销售到世界各地，印度尼西亚、中国台湾以及东欧都有。他们的员工共400人，有部分厂房24小时全年运作无休。

这家大工厂的前身是旧福特汽车工厂，最终转型成为麦斯威尔（Maxwell House）咖啡豆烘焙商。红色霓虹招牌上写着MAXWELL HOUSE，咖啡正从倾斜的杯子滴出来，替工厂门面的高塔增添了点色彩，并成为休斯敦的新地标。2007年麦克斯莫斯从卡夫食品公司买下该工厂，招牌才被拆下。工厂内的生产线有高科技也有传统机器，崭新的烘焙机和包装机沿着历史久远的混凝土走廊和钢制楼梯依序排列。

瓦斯奎带我到一间光线昏暗的控制室，有三个男人坐在环形的内舱，眼睛紧盯着30个大型监视屏幕。现场看起来就像是迷你版的NASA操控室，只不过这里的人在进行另一种高科技操作。他们正在替咖啡去除咖啡因。

去除咖啡因的过程十分复杂，一开始的技术是由德国公司Café HAG（目前在卡夫食品公司名下）所研发。首先，工作人员替绿色（未经烘焙）的咖啡豆增加水气。将湿度调整在12%，然后喷洒蒸气及热水，让湿度上升到35%。接着用强力气压把咖啡豆吹送到280英尺（约合85米）高的塔顶，顶端两侧各有一大片区域，每区又各有数个槽间。槽壁有6英寸（约合15厘米）厚，内层都镀上了不锈钢。各槽之间的活门重量不轻，差不多相当于一辆大众汽车的重量。

咖啡豆接着会从各槽往下流回原处，而机器会从底部向上打二氧化碳，穿过这些豆子。工厂里使用的二氧化碳跟我们平常所说的不同，此处用的是超临界二氧化碳，温度超高，且承受了极大的压力——超过88℃及350帕斯（压强单位，磅/平方英寸）。这个压力下的二氧化碳不像是气体，性质上反而比较像液体。这样的特性使二氧化碳可以鬼魅般穿过咖啡豆，施展一些"炼金术"，将咖啡因从中抽离，却完整地保留了咖啡豆原本的风味。

环顾整间控制室，瓦斯奎告诉我目前还没有哪家厂商去咖啡因的成果比麦克斯莫斯还丰硕。这间厂房在20世纪80年代兴建时就耗费了超过1亿美元。时至今日，要建造另一座规模类似的厂房花费实在难以想象。对其他的竞争同行来说，光是基础建设的开销就是"进入这个产业的最大门槛"，瓦斯奎如此说道。

波·惠特利在控制室里负责监督去咖啡因的流程，他向我们解说最后一个步骤：在向上穿过咖啡豆之后，含有咖啡因的二氧化碳会汇入一柱水流，接着被引入压力没那么大的空槽内，然后二氧化碳会从咖啡因及水中游离出来，可重复再利用。惠特利向我们展示一座等比例的去咖啡因槽模型，并告诉我们："在这里，咖啡因要做出抉择——'跟二氧化碳相比，我比较喜欢水，所以我要跟水待在一块。'"

而不含咖啡因的咖啡豆会从塔底流出，每45分钟可以倒出4500磅的咖啡豆。这个过程持续不断。麦克斯莫斯每年去除咖啡因的咖啡豆超过1亿磅。

去咖啡因槽中的水溶液咖啡因浓度很低，大概只占了0.25%，接着会流入两个两万加仑的水槽。水槽外贴着一个标示：热咖啡因。从这里开始，溶液会经过两台浓缩机，蒸气盘管会将溶液加热，把水汽化，只留下高浓度的液体。最后，蒸煮过的液体会流进烘干机内，其顶部成拱形，大小就像是储放木柴的小棚子。

瓦斯奎打开烘干机里不锈钢蒸气舱的盖子，向我展示那些浓缩的棕色液体——看起来就像是淡咖啡色的巧克力糖浆——如何倒到炙热的旋转滚筒上。水很快就蒸发不见，只留下薄薄一层粉末残余物。滚筒旋转的同时，这些薄片会被刀片削刮下来。这些粉末呈棕褐色，就像咖啡拿铁中大西洋的沙粒以及科罗拉多河流的泥土颜色。"这就是咖啡因。"瓦斯奎告诉我。粉末从蒸气舱倒进一个铺了塑料袋的硬纸箱里，而箱子就位于下方地板的栈板上。我们走下楼去一探究竟。瓦斯奎将箱子的塑料袋掀起，好让我们看到粉末是如何流进去。那个箱子可以容纳1000磅未经加工的咖啡因，其纯度大约为95%（里面仍含有3%的水分以及2%的杂质，在拿出去销售前需要进一步纯化精炼）。

"我们这里制造的是天然生成的咖啡因，你可以一次就获得大量的咖啡因。"瓦斯奎说道，"天然生成且不含化学成分的咖啡因，永远供不应求。"

在工厂的其他地方，瓦斯奎带我参观了一间一尘不染的房间，看起来就像是生物实验室，有石头铺面作业台和深水槽，台面上摆满了烧杯、烧瓶、滴定管和小玻璃罐。房间的一头是品味区，另一头有台小型的机器固定在长形的作业台上。这台机器是咖啡因测量仪。在这间实验室里，技术员要确保处理过的咖啡确实完成了去咖啡因的流程。

鲁本·塞尔达负责这间实验室的运作，他表示这台机器是高效液相层析仪（High-Pressure Liquid Chromatography，简称HLPC）。塞尔达和实验室助理用小的玻璃试管装入10微升的样品来测定去咖啡因的程度。只要咖啡因低于0.3%，即可被认定为去咖啡因。塞尔达表示，他们的样品结果大多为0.25%。

为了让我们更容易理解，塞尔达告诉我们，大部分哥伦比亚咖啡含有1.2%~1.9%的咖啡因。至于阿拉比卡咖啡会稍微再高一些，咖啡因含量位于1.4%~2.1%之间。那富含咖啡因的罗布斯塔咖啡呢？塞尔达说它们有高达2.6%的咖啡因。

布鲁斯·高柏和同事们发现，一杯常见的16盎司去咖啡因咖啡里含有10~14毫克的咖啡因（约为1/5份SCAD）。这样的咖啡因含量不多，但多来几杯还是可以达到振奋精神的效果，特别是那些对咖啡因敏感的人。

离开时，我们经过更多上千磅重的咖啡因箱子，它们整齐地排列在卸货平台上。麦克斯莫斯公司将咖啡因送至墨西哥韦拉克鲁斯州的山丘上继续精炼。他们一次运送40个货柜，一年就能运送超过100万磅的未加工咖啡因。由于美国境内没有公司精炼咖啡因，所有被称为"无水咖啡因"（caffeine anhydrous）的完成品都从国外进口。精炼后，大部分的咖啡因会被销售给软性饮料瓶装商。

100万磅的咖啡因粉末听起来超级多，但那只是九牛一毛。百事可乐公司每年需要120万磅的咖啡因，才能生产足够供应美国市场的山露饮料。大家都以为能量饮料公司是咖啡因粉末的大主顾，但怪兽、红牛、巨星能量提升饮料在2010年一起使用的咖啡因比山露使用的还少。这是因为山露饮料的咖啡因浓度较低，但销售量比其他饮料还高。美国另外两大苏打饮料品牌可口可乐跟健怡可乐，则另外需要350万磅的咖啡因。

软性饮料于1975年超越咖啡，成为美国最受欢迎的含咖啡因饮料，这个排名至今日仍未改变。坎德勒一手打造的可口可乐带头拉起软性饮料的销售量。这家亚特兰大公司拥有全世界最知名的品牌，而成分中的咖啡因粉末更是吸引消费者的关键因素。

美国前十大软性饮料里，八样掺有咖啡因粉末。有些粉末带有可乐果风味，有些是柑橘味道，有些含糖，有些不含糖。除了碳酸水之外，咖啡因是最常见的成分。

为了满足可口可乐、百事可乐、胡椒博士这些瓶装商的需求，美国人每年需要进口超过1500万磅的咖啡因粉末。这个量足以装满300个40英尺（约合12.2米）长的货柜。想象一下，在两英里（约合3.2千米）长的路上，货运车一辆接一辆，上面装着快要满出来的提神药粉的情景。

参观完工厂之后，我停下脚步，转身拜访麦克斯莫斯的总裁卡洛斯·比诺（Carlos de Aldecoa Bueno）先生。这个第三代咖啡贸易商的办公室就位于建筑物的西北角，窗外正对着休斯敦的天际线。

他的祖父在西班牙展开咖啡事业，之后才搬到墨西哥的韦拉克鲁斯州。他的父亲接着将公司搬到休斯敦地区，而他目前还在附近经营另一家用二氯甲烷来去除咖啡因的工厂。布宜诺一开始从管理咖啡仓库做起，之后才负责掌管麦斯威尔咖啡，而当时卡夫食品公司正想退出经营。

比诺很清楚他唯一的产品就是咖啡以及去咖啡因的咖啡。对他而言，咖啡因不过是个副产品。当中国制的便宜咖啡因涌进美国市场时，他们甚至一度考虑停止生产咖啡因。

但他表示目前的市场环境已经改善，公司也改走精致的销售咖啡因的路线。"到最后，每个人都会希望买到天然的产品。"他表示，"只有少数几家公司敢推出天然的咖啡因。跟中国制的合成咖啡因相比，天然咖啡因才是好的副产品。"

供应紧缩的挑战

20世纪50年代以前，咖啡因粉末通常以从咖啡、茶叶、瓜拉纳果或可乐果萃取这种老派的方法取得。孟山都在1905年开始制造咖啡因时也是用这个方法。麦克斯莫斯的工厂目前也还是用这个方法萃取咖啡因。

但到了第二次世界大战时，对咖啡因的需求远远超过供给。根据1942年一份军用物资生产局（War Production Board）的记录，饮品及烟草部门的主任约翰·斯迈利认为软性饮料对提振士气有很大的帮助。他在记录中写道："软性饮料与我们的日常生活密不可分，这个国家的执政当局最希望的，就是不要剥夺人民享用软性饮料的权利。"

但斯迈利也同时表示，咖啡因的供给在当时陷入困境。他写道："仔细研究后……发现咖啡因的厂商真的得'搜刮仓库'才有办法生出咖啡因。他们的原料供应几乎到了尽头。软性饮料瓶装商储存的咖啡因也逐渐变少，不用一个月或两个月，他们手头上的存货就要消耗殆尽。"

这样的情况不仅只是供应链暂时短缺，后续影响更大。罗伯特·伍德拉夫（Robert Woodruff）是洞悉市场的营销大师，领导了可口可乐公司几十年。他发现军人的消费力是业绩成长的关键。根据马克·彭德格拉斯特（Mark Pendergrast）撰写的可口可乐史，伍德拉夫宣布，每个美国军人，不论身在何处，只要花5分钱就能得到一瓶可口可乐。全国军人们于是带着100亿瓶可口可乐出征，成为该公司的忠实消费者，协助可乐打败咖啡，坐上销售王座。

可口可乐、百事可乐、胡椒博士、皇冠可乐（Royal Crown）在战时都降低了咖啡因的含量，降幅平均为54%，但咖啡因的供应仍十分紧缩。

1945年的咖啡因年生产量只有100万磅。《化学与工程新闻》（*Chemical and Engineering News*）报道："在国内咖啡因溶剂的萃取制程中，茶渣是最大宗的单一原料，远比咖啡来得重要，虽然后者可以借由去咖啡因的过程提供我们想要的化学物质。以全合成的方式来生产咖啡因，这个实用的制作流程也许可以取代从国外进口的可可碱及咖啡因……"据周刊报道，全合成的咖啡因成本为萃取咖啡因的两倍，却以低于每磅3美元的价格出售。

当年年底，这家周刊又报道，有家美国公司要接下这个挑战，要颠覆制造天然咖啡因的传统。"孟山都化学公司宣布，他们要让美国不再依赖国外制造的天然咖啡因。他们要建造、运营全世界第一座大规模咖啡因合成工厂。"

合成咖啡因的制造方法是以各个结构单元组成咖啡因的化学成分，而不是从植物原料中提取出来。这样的创新做法来自德国。化学家埃米尔·费希尔（Emil Fischer）于1895年率先进行尝试，他使用尿酸作为一级结构单元（这项成就让他于1902年荣获诺贝尔奖的殊荣）。

由此可见，早在孟山都合成咖啡因好几年前，德国人便开创先例，以工业生产合成咖啡因。勃林格英格翰（Boehringer Ingelheim）这家德国公司在1942年兴建了一座大型咖啡因合成工厂，当时美国人可能完全没注意到这件事。接着，就如同现在的情况，欧洲及北美各个大量消耗咖啡因的国家都缺乏具有经济价值的含咖啡因作物。为了满足民众对"合法兴奋剂"的需求，我们从落后国家进口巧克力、咖啡及茶叶。就算是在和平时期，要维持供应链畅通也不是件容易的事，遑论大战那几年大西洋两岸的情势是多么紧绷。

辉瑞公司并没有落于孟山都之后，也在寻找新的咖啡因来源。该药厂于1947年买下新泽西州的某间工厂，它原本的工作是从茶叶中萃取咖啡因。辉瑞很快就停止了该工厂原本的生产线，让它和在康涅狄格州克罗顿的工厂一同运作，一起生产合成咖啡因。辉瑞药厂于1953年在商业周刊《美国瓶装业》（*American Bottler*）买下整页广告，兜售自家的产品："辉瑞在康涅狄格州克罗顿拥有大型现代工厂，已晋升为全球最大的咖啡因制造商。"

尽管孟山都改变生产线，转而制造合成咖啡因，但在1957年时，还是承受了很大的发展压力，因为国内厂商还是爱用廉价的进口咖啡因。根据《化学与工程新闻》报道，孟山都曾尝试将价钱从每磅3美元降至2.5美元（这是自1940年以来最低的价格），好跟海外的咖啡因制造商一较高下。

十几年来，很少有媒体会关注辉瑞的工厂，直到1995年6月20日，克罗顿的居民发现泰晤士河旁的工厂冒出大量黄色浓烟。《新伦敦日报》（*New London Day*）于隔天立刻登出了这样的头条标题"咖啡因工厂有难，员工紧急撤离"，"大量氮氧化物从辉瑞公司的化学工厂泄出，大约100名员工被紧急撤离……公司发言人凯特·罗宾斯表示，气体是在下午1点15分从某栋厂房泄出，该厂房负责生产咖啡因……罗宾斯表示，在鉴定人员调查出外泄原因之前，生产咖啡因的厂房会暂时关闭。"

尽管这间"生产咖啡因的厂房"出现在康涅狄格州的制药工厂内，大部分的美国人仍未察觉他们最喜欢的饮料的主要成分通常是化学合成出来的。

我希望能了解更多合成咖啡因的细节，并参观生产过程。但我发现辉瑞的工厂早已不存在，美国境内找不到任何工厂在制造合成咖啡因，相关产业早已移至海外。

第八章　从减肥药到香吉士汽水

减肥药丸里的咖啡因

沿着拉克万纳山脊向新泽西州西北方，高耸的山丘上是一块宁静的郊区。几家牧场就坐落于巨石巍峨、郁郁葱葱的山丘上，在春天的早晨，你甚至可以看到天鹅在小池塘中划水。慕尼牧场（Mooney Dairy）是其中一座风景特别秀丽的农场，里面有红色的谷仓、绿色的强鹿（John Deere）拖拉机，还有块指示牌，宣传自家血统纯正的荷兰乳牛。马路的另一头以前是座奶酪工厂，现在则是NVE药厂，专门生产国内销售量前两名的能量饮料。该公司对外宣称每年的销售额达5000万美元，其中90%来自含咖啡因的产品。

当我来到工厂二楼的办公室时，接待人员跟电话另一头的客人似乎发生了龃龉。

"你先把瓶子拿起来。"她这么说道,"包装上面就有证明,你需要的信息全部逐条列在成分字段那儿。"办公室的墙上贴了6英尺(约合1.8米)长的咖啡因药丸广告,上头写着"第二代包装(Stacker 2),全世界最强效的脂肪燃烧弹"。那张早期的宣传广告上,还有家喻户晓的《黑道家族》演员代言,该照片同样来自新泽西州。

等接待人员挂上电话,我告诉她此行是来见沃特·奥克特(Walter Orcutt)。她联络上他,并请我在沙发上稍坐会儿。"你想喝咖啡还是其他饮料?要水吗?"我其实有点期待她能给我一颗咖啡因药丸,或者至少给我一杯能量饮料。

NVE的执行副总裁奥克特先生出来见我。他年约50,是位友善、充满干劲但有点过度热情的人。这天刚好适合参观厂房,奥克特正带领两位访客四处参观,一位是来自南美的饮料瓶装商,另一位是在美国中西部地区担任顾问的调味专家。

首先,他带领我们来到工厂前方的一个房间,在这里,原始原料开始被转换成能量饮料以及其他的咖啡因传递机制。一座大型的搅拌机器就坐落在房间的正中央,上方是一个漏斗槽。咖啡因和其他干燥过的香料及维生素就从这里进入机器内,开始后续的转换及搅拌。这些半成品(待分装的产品)接下来会被装进大的蓝色桶里。

我们从那里穿过一扇门走进另一个房间,里面有三名员工正在保养药丸压制机。其中一位拉丁裔的临时工拿起一个小桶,从55加仑大的蓝桶内舀出咖啡因与维生素粉末,然后从药丸压制机上方倒入。奥克特告诉我们,这间工厂共聘用了70名员工,另外每天还另外聘请了50~100名临时工。

压制机规律且有节奏地生产出一排排胶囊——一半黄色,一半蓝色——每个胶囊里都包有200毫克的咖啡因，并且以食品及能量补给品的形式销售出去。

那位饮料制造商对药丸的制作过程啧啧称奇，并提出疑问："你们制作这个需要食品药品监督管理局的核准吗？"

"不用，制造前不用申请许可。"

"所以跟制药不一样？"

"对，跟制药是不同的。"奥克特先生如此回答。

他带着我们到另外一区，药丸在这里按顺序排列在机器上，然后被塞进PTP包装里。机器在密封PTP包的时候，呼搭呼搭的声音不绝于耳。空气中飘散着微微的热塑料味。每个包装在密封之后会被印上美国国旗以及"美国生产"的字样。便利商店会销售这些咖啡因药丸。"我们可以说几乎垄断了这块市场。"奥克特告诉我。

但该药品的早期配方却差点拖垮了整家公司。合并使用咖啡因及麻黄的减肥药配方会导致心脏的问题，甚至可能致命。巴尔的摩的金莺队投手贝希勒在2003年2月的春季训练时突然昏迷死亡，尸体解剖的报告显示麻黄是致死的因素之一（他已服用了一阵NVE竞争对手的补给品）。该药品的配方至此成为全国的大新闻。当时，NVE正面临超过110件产品的责任诉讼，当中都含有咖啡因与麻黄。

麻黄问题于2008年登上国会的听证会。食品药品监督管理局的委员马克·麦克莱伦（Mark McClellan）在会上谈论此危机："早在2002年9月，食品药品监督管理局就已经注意到里金斯的死亡意外，他是一位16岁的高中美式足球员，并且服用了名为小黄蜂（Yellow Jackets）的产品。该产品由NVE于新泽西州的药厂生产。小黄蜂以及当时另一个NVE的产品黑美人（Black Beauty）都是管制药品在坊间的名称，有人会买来当做毒品的替代物。这些产品的包装上标明了含有麻黄萃取物以及其他的草药成分，包括可乐果的萃取物。可乐果也是我们取得咖啡因的其中一个来源。"

食品药品监督管理局在2002年10月试图检查NVE，但却被该公司拒之门外。食品药品监督管理局第二次带来了美国联邦法院的执行官，并于2003年1月监督NVE自发销毁市售的毒品替代物，这些产品市值500万美元。但麦克莱伦表示，该公司丝毫没有改变，生产线反而继续一批批地生产出看似安非他命的药品。"NVE停止销售小黄蜂及黑美人后，开始销售黄蜂（Yellow Swarm）及深夜种马（Midnight Stallion）来作为替代商品。新产品在成分和外观上跟先前的都几乎一样，而且还不用背负毒品的污名。只是这些产品伴随而来的健康问题仍然存在，未曾消失。"

当我们经过药品包装的生产线时，奥克特说，在麻黄争议两年之后，他们公司就申请了破产保护，接着开始解决合计2000万美元的集体诉讼案件。但他还是坚持公司的产品拥有跟减肥药一样的优点。

"真是的，麻黄其实是非常好的一种产品。" 奥克特这样告诉我，但人们总是摄取过量。"那些摄取过多的量足以让他们的心脏停止跳动。"在NVE众多的产品之中，唯一一个仍残存下来的就是配方，它是麻黄碱、咖啡因及阿司匹林的混合物，或简称为ECA配方，这是曾经风靡一时的减肥配方。该公司目前仍在销售黄蜂药丸，不过现在的配方里已不含有麻黄，光是里面的咖啡因就足以达到减肥的效果。

能量饮料里的咖啡因

真正的好戏是在建筑物后更里面的地方，那个房间里有三条能量饮料的装瓶生产线。随着规律的"叮""咻""噗通"的声音，装在白色塑料瓶且用紫色塑料膜包裹的能量饮料被依序生产出来，绵延的生产线就像条蛇一般，穿梭在洞穴般的厂房。

奥克特说NVE公司的6小时能量饮料是全美国销售量第二高的能量饮料，而加强版第二代包装（Stacker 2 Xtra）则是一元商店里卖得最好的产品。5小时能量饮料替能量饮料则开启了新的一页，NVE希望能在咖啡因药丸之外开拓更多的新产品。NVE的能量饮料在沃尔格林连锁药店（Walgreens）越来越得到消费者的青睐。到了2012年，他们在沃尔玛的架上就有了超过7种产品。

空玻璃瓶落在旋转中的钢桶里，再被引导到下个步骤。当机器在瓶底印上批次码及最佳食用日期之后，这些瓶子会被排成一列运到上方，那里有根管子，会将含有咖啡因的液体注射到瓶子里。由于这些液体十分黏稠，NVE需要特别制作专用的填注管道，化妆品工厂也使用类似材质的管道。当这些瓶子装满液体后，机器就会迅速在塑料包装上贴上标签。"呼"的一声，饮料瓶就包装好了，包装上会打几个小洞好方便开瓶。最后在生产线的末端，每12瓶饮料会被装入一个托盘形硬纸箱。

奥克特从生产线拿下一瓶玻璃瓶给我们看。"这就是会出现在一元商店里的商品。所以我们完全不需要另外的包装，因为在这些商店里的销路并不好。我们每条生产线每8小时可以制造超过10万瓶能量饮料。"

据统计，NVE每个月生产超过600万瓶能量饮料，而每个2盎司的瓶子里包含大约150~175毫克的咖啡因（等同于2份SCAD）。先不讨论咖啡因的剂量，光是这些饮料每个月就用去40箱55磅重的产自中国的白色粉末。

奥克特自己平常也会饮用能量饮料。他这么告诉我："我一整天都需要喝咖啡，但在傍晚，我会打开一瓶能量饮料一饮而尽。"就算如此，他还是很讶异NVE及它的竞争对手所生产的能量饮料竟然能产生这么多需求。"真是太疯狂了。这完全说不通啊，光是一瓶能量饮料就要花费3美元。但人们就是愿意掏腰包。"

NVE有可能是全美第二大的能量饮料供货商，但它的规模离第一名还有很长一段距离。5小时能量饮料这款含咖啡因的糖浆在2012年销售市值10亿美元。两家公司在这场小容量咖啡因饮料的竞赛中争得你死我活，希望独占鳌头。怪兽能量饮料也推出自家的小瓶装，称为"打手"（Hitman），而摇滚巨星能量饮料也发展出一系列小瓶产品，可惜最后都惨遭滑铁卢。有几家跨国大企业也参与竞争。可口可乐推出NOS能量饮料，而百事可乐端出Amp能量饮料，但不幸双双落马。不过，带来几十亿商机的能量饮料还是让可口可乐及百事不再对咖啡因躲躲藏藏、含糊其词。可口可乐公司最终还是生产并销售火力全开能量饮料（Full Throttle）及NOS能量饮料，百事公司则推出了Amp能量饮料。这几家公司兜了一圈最后回到了原点，公开承认咖啡因的药效，并且回过头来重新销售美国第一款能量饮料。

奥克特带我们走到户外穿过一座停车场，来到饮料的装瓶生产线，这个地方又是另一座巨大的建筑物。建筑物主体的前方是座小型的调和风味实验室：桌子上的晒架摆着几个烧杯、计量杯和装饮料用的小纸杯，另外还摆了一瓶杂货堂超市（ShopRite）的气泡矿泉水。

实验室的正后方是个巨大的房间。这里，数千个能量饮料的金属罐沿着生产线四处移动，发出一致而短暂的杂音，就像是玩具火车一般。漫步在这座工厂里，有点像置身于音乐节，当你漫步于不同的舞台时，可以听见不同的声音。这里你可以听到压紧瓶盖时发出的"呼—恰"声，另一头则是金属罐相撞发出的铿锵声，环绕在整间仓库里。每隔一段时间，这些声音就会被巨大的喷水声所打断，这是混合槽宣泄压力所发出的声音。厂房的空气中飘散着些许雾状并带点甜味的咖啡因雾气。

在房间另一头，靠着墙壁堆起来的是产品原料：好几箱混合干料以及5加仑和50加仑的湿原料。在混合能量饮料或可口可乐的时候，每种产品都有自己独特的配方，打个比方，可能是10包这种干料加上两桶湿原料。它们最终都会被倒入一个巨型桶加水后开始搅拌，最后再灌入二氧化碳。一般来说，咖啡因是干料的一种。

NVE也会与私有品牌签约，协助生产能量饮料。假如你想开发一种叫做"绿光"的产品，并且希望能在英属维京群岛上销售，或是希望名为"哥伦比亚之力"的饮料能登陆哥伦比亚，NVE就会帮你构想并调制适合的产品。奥克特表示，NVE的产品早已推广到世界各地，甚至连黎巴嫩、澳大利亚、叙利亚及俄罗斯（是个常货到不付款的国家）都可看到它们的踪影。仓库另一头叠得超过一人高的，是一箱箱为各种品牌公司代工的能量饮料，有冲劲（Rush and Impulse）、花花公子、阁楼以及辣妹（Sum Poosie），这些饮料都装箱送到脱衣舞夜总会，包装上印着的则是前凸后翘的比基尼女郎（"十分给力。需要吗？想要的话就来一瓶吧"）。从仓库储存的数量看来，似乎每个公司都希望有款自家的能量饮料。

你也许还记得某款能量饮料上的名称曾让食品药品监督管理局火冒三丈：可卡因。NVE也有生产这款饮料。为了向我们说明联邦政府的法令规范到底有多奇怪，奥克特先生随手拿起一罐可卡因能量饮料，上头贴有警告标示，还有检查人员的签名："警告：这个标示是为了提醒那些笨到没什么常识的人。这个产品不含有可卡因（拜托一下好吗）。我们生产这项产品并不是要当做禁药的替代品。都说得这么清楚了，有人还是要存疑的话，只能说他是笨蛋。"

当我们在厂区内游览时，奥克特正在处理装满3000箱能量饮料的货柜，准备运往南美洲。穿过某段生产线，金属罐里早填充好能量饮料，正一个接着一个等待机器密封上盖子。"来！试试这个。"奥克特从里头抽出一罐，然后递给我。尝起来真是棒透了——沁凉、带有甜味以及嘶嘶的气泡声，还有咖啡因引出的些许苦涩味道。

纯咖啡因就是饮料中苦涩的来源。研究味觉的科学家常使用咖啡因来帮助了解苦味产生的反应。香料厂商甚至销售可以掩盖咖啡因味道的调味剂，但实际上可没那么简单。为了消去可溶解薄膜上的味道，新泽西香料工厂诺威乐公司（Noville Inc.）的罗格·斯蒂尔使用了以下三个步骤："我们选用氢化蓖麻油聚氧乙烯-40（Cremophor RH 40，巴斯夫生产的一种氢化蓖麻油）来包裹舌头的味觉受器，并加上柠檬酸，使它在通道受体上可以跟苦味的刺激相抗衡。最后再以蔗糖作为甜味剂……经由这三道掩味程序，就可以明显减少可溶解膜完成品上的咖啡因苦味。"

在另一位参访者离开后，我请奥克特带我看看他们使用的咖啡因。我们走向主建筑旁一间大且阴暗的储藏室，里头存放着好几箱调味剂。他远远地指向卸货平台旁堆得很高的箱子。

我们走向那儿，马上就看到几十箱50磅重的咖啡因箱子。每18个箱子就堆满一个栈板，其高度超过一个人。这里面都是让人兴奋的好东西，在中国包装好，用船运送到纽约及新泽西的码头，再用卡车送到NVE的工厂。

香吉士汽水危机

看过NVE装瓶工厂里分装咖啡因的过程之后，我更加理解了拜访得克萨斯后一直萦绕于心的故事。2010年的9月28日，罗伯特·卡兰知道麻烦大了。卡兰是胡椒博士集团的资深副总裁，当时消费者们打电话到他位于得克萨斯布兰诺市的公司总部办公室，抱怨在香吉士汽水（Sunkist Soda）里喝到药水的味道。一位打电话进来的民众表示汽水尝起来像婴儿用的阿司匹林，之后就开始感到腹部疼痛。另一位的症状更严重，除了呕吐之外，半夜还跑去挂急诊。

第二天，卡兰通知食品药品监督管理局，表示他要回收4382箱20盎司塑料瓶装的香吉士汽水。他派出员工，从内布拉斯加州、俄克拉何马州和得克萨斯州的商店里回收了超过10万5000瓶。接着，卡兰开除了三位搞砸调味配方的员工，重新训练了一批人员，并完全配合食品药品监督管理局的调查。

香吉士是一款柳橙口味的苏打饮料，一开始是香吉士农产合作社与大众影业公司（General Cinema）合作的产品。它在1978年试销，然后在1979年正式上市。纽约的博达大桥国际广告传媒公司（Foote Cone & Belding）当时推出了激进前卫的宣传。电视广告中，古铜肤色、充满运动感的年轻人们拿着滑水板及冲浪板在游艇上嬉戏，背景音乐是海滩男孩合唱团的《美好的激荡》（*Good Vibrations*）。不到一年，香吉士就打进全国软性饮料市场的前十强，并在接下来10年内带领柳橙口味汽水异军突起。之后香吉士换过好几位东家，现在是由胡椒博士集团负责生产装瓶。该公司是美国第三大的软性饮料装瓶商，仅次于可口可乐及百事可乐。

第三名在软性饮料的市场里仍占有一席之地。胡椒博士集团于2012年在美国的销售净额超过50亿美元。他们每年卖出16亿箱的饮料——这个量足够让美国每位男性、女性及孩童喝上180瓶20盎司装的饮料。而香吉士就是他们家卖得最好的香橙口味汽水。你可能会很惊奇地发现这款饮料里有种常见的成分，这种成分出现在美国销售前五名的软性饮料，前十名里有八款也含有它——咖啡因。

很多人都觉得香橙口味的汽水是给小朋友喝的饮料。一般大众也不会觉得香吉士是含有咖啡因的饮料。但每瓶12盎司的香吉士里头其实含有41毫克的咖啡因，这个量比一瓶可乐还多，只比山露饮料少了些，而一瓶20盎司的瓶子里则有一份SCAD的咖啡因。

卡兰面对的顾客的抱怨来自于2010年9月4日包装生产的一批香吉士。这批汽水被混入的咖啡因剂量不只是高，根本就是超标了。

每个20盎司的瓶子里都被掺入了238毫克的咖啡因，等同于3瓶红牛饮料或16盎司的浓烈咖啡，也就是3份SCAD。就算是对平常有喝咖啡习惯的成年人来说，这剂量还是太猛。对20岁的青年来说也过于强烈，更别提嗷嗷待哺的婴儿。这批饮料没有给人美好的激荡，反而带来天旋地转的混乱。

在与食品药品监督管理局通信的过程中，卡兰避重就轻。在9月29日的信件中，他写道："共有11位消费者询问该产品，且都着重在产品带有的药水味道。消费者没有察觉到咖啡因的浓度异常，这是在我们着手调查关于味道的疑虑时才发现的。"

以下是消费者抱怨的一部分电话记录，时间是9月28日，之后转报给食品药品监督管理局："我买了一份8罐装的香橙口味香吉士，结果我们所有喝的人都生病了。我的儿子现在在医院里。我儿子、我侄子还有我都喝过。我12岁的儿子喝了整整一瓶。我给我18个月大的侄子也喝了些，还加了些水到他的小杯子里。我儿子喝了那瓶之后的15分钟，他开始觉得头晕，体温高到37.8℃，并开始呕吐。所以昨天晚上我带儿子来医院。他现在在医院里面，不过已经好一些了。"

　　该消费者之后表示她的律师会代为发言。她的证词使许多人怀疑她的判断能力。不过，这同时也让我们发现卡兰的断言有些夸大不实，消费者的确会感受到咖啡因的作用。

　　至少还有另外两名消费者抱怨喝完香吉士后觉得不舒服。民众对这批饮料口味的感想是："喝起来有点像是在吃药。"还说味道像婴儿的阿司匹林，"并没有酸臭，但喝起来的味道就是不好"。为了安抚其中一位紧张的消费者，该公司"寄出一份12瓶饮料的优惠券以示歉意……用优惠券来和解。"

　　食品药品监督管理局的雪莉·斯皮特勒通过电子邮件向卡兰提出了一些疑问。其中一个问题是："你们公司最后有找到标示错误的根本原因吗？"

　　卡兰这样回复："有一批（删除）加仑的物料在9月4日不小心加进（删除）加仑的物料里。"从字里行间看来，事情发生的原因似乎十分简单——装瓶工厂的员工不小心加进了是正常分量6倍的咖啡因。

　　这样铸成的大错足以让某些消费者马上就出现不舒服的反应，但咖啡因的剂量还不足以致命。就算如此，我们还是不清楚对健康会有什么后续的危害，因为食品药品监督管理局之后没有进行追踪。另外，产品回收的消息并没有通过公共媒体散播出去（事实上，之前也完全没有报道过相关新闻），所以有些消费者很可能注意到了副作用，却不知道是咖啡因过量的香吉士搞的鬼。

一些能量饮料的爱好者可能会想要来几瓶上述的超级香吉士，但他们运气不好。胡椒博士在2010年10月13日跟14日销毁了3254箱香吉士，是那批错投原料的产品的74%。这个事件揭露了全美前几名的软性饮料瓶装商是如何进行原料混合的。

事情发生8个月后，另一家胡椒博士的瓶装工厂也出事了。这次，瓶装商回收了替沃尔格林连锁药店生产的健怡可乐。

该工厂将"无热量"的标示误标为"无咖啡因"，而12000箱被标错的可乐就这样在全国各地上架。每20盎司的饮料瓶里大约含有75毫克的咖啡因（这是标准可乐产品里含有的确切咖啡因剂量）。这刚好就是一份的SCAD剂量，比8盎司红牛里含有的咖啡因略少一些，但足以让对咖啡因敏感的人注意到它的存在。在其中一位消费者向沃尔格林连锁药店反映之后，厂商再一次因为标示错误自发性地回收产品。

值得注意的是，食品药品监督管理局将后者的产品回收视为比较严重的问题。沃尔格林连锁药店的状况被列为第二级的回收："在此情况下，使用或暴露于有害的物质下可能会导致短暂或医学上可逆的健康副作用，又或者发生严重副作用的机会没那么高。"

食品药品监督管理局却把香吉士的回收列为第三级："在此情况下，使用或暴露于有害物质不大可能造成健康上的副作用。"（那些对咖啡因特别敏感或格外避免接触咖啡因的人，有可能会因为沃尔格林连锁药店的标示错误导致健康受到危害。除此之外，实在是有点难理解为什么香吉士的事件层级会比较低。两者相比只是程度的问题，在香吉士事件中，消费者是自己决定要购买含咖啡因的汽水。）

我向胡椒博士位于得克萨斯州欧文的工厂提出申请，希望能参观公司为了避免下次再出问题所做的改变。公司事务经理巴尼斯以电子邮件给我以下回复："我们在生产过程中没有任何需要改变的地方。光是欧文厂房每年就生产几百万箱含咖啡因的饮料，目前还没出过问题。先前公司自发回收的那批香吉士汽水，是分批生产过程出现的错误。我们已经加强了员工在这个流程的训练，而且之后还没有类似的事件发生。"

事实上，根据他们在2011年1月寄给食品药品监督管理局的改善措施备忘录，该公司确实改变了生产的流程。他们开除了三名员工，其中一位不仅没有试尝样品，甚至伪造相关文件。此外，该公司加强训练员工分批生产的作业流程，并同意减少员工在原料室的职务更动，以改善原料的存放情况。至于"咖啡因检测"的部分，他们也同意"让香吉士汽水接受咖啡因剂量检查，以证明产品跟标示的成分一样"。

咖啡因产品的回收并不常见，但胡椒博士在6个月内就出了两次问题，因此我询问巴尼斯有关沃尔格林连锁药店的产品回收事件。他是这样回复的："有关沃尔格林连锁药店的可乐事件，我们只是根据合约生产汽水，产品本身没有任何问题。问题出在供货商所提供的标签上。至于香吉士事件，我们的后续处理已让食品药品监督管理局感到满意。"

巴尼斯所言不假。食品药品监督管理局批准了他们的自发性产品回收。食品药品监督管理局并不是对这起事件漠不关心，而是没有注意到咖啡因添加过量以及标示不实在整起事件中的严重性。当食品药品监督管理局的管理者开始对咖啡因感兴趣时，注意到的不是苏打饮料，而是新兴的咖啡因传递机制，但这些都是好几年以后的事了。

第三部

咖啡因上瘾的身与脑

第九章　运动员的爱药

咖啡因战术

在一个温暖的10月清晨的4点30分，我踏进夏威夷可娜的可娜兄弟咖啡馆，点了一杯16盎司当地原产的中度烘焙咖啡。冲泡咖啡的店员告诉我："我们以后每天都会在这里为您提供咖啡因。"那天是咖啡馆一整年里最忙碌的一天，而那位店员前晚却熬夜没睡。

到了早上5点，我已经坐在附近的海堤上。海浪在我下方6英尺（约合1.82米）处拍打，而阿里滨海大道的路灯在我左侧一路延伸，在远方的那点映出饭店几何图案的轮廓。饭店的后面，房子的灯光勾勒出由海岸线开始延伸的山头轮廓，绵延至远方的星空。猎户座正巧就在那里，下方是一轮低低挂在那儿的细长弦月。

在我身边，几千名观众为了找到最好的景观位置，紧贴着彼此坐在海堤上。从我坐的地方往下看，一整排的腿就这样挂在堤岸边。而每对膝盖旁都可见紧握着咖啡杯的手。我坐在那里，任由温暖的海风吹拂，细细啜饮完美的可娜咖啡，完全不想理会它尝起来像不像普通的中美洲咖啡。但迈克尔·诺顿发现了这一点，并从中获利无数。

在我右手边200码（约合183米）外的港口，一座灯火通明的码头熙来攘往，非常热闹。几百人在里面匆忙地跑来跑去，他们身上穿着莱卡纤维跟合成橡胶制的衣服。天色在清晨6点渐亮，主持人的声音开始通过扩音系统大声放送，第一批参赛者犹豫地踏进水中，准备开始热身。

一年一度的盛事就此展开。每年，世界各地许多身材健美无比的运动选手齐聚可娜，为的是参加铁人世界冠军赛（Ironman World Championship）。这项竞赛是严酷的铁人三项，包括在太平洋里游泳2.4英里（约合0.73公里），接着骑脚踏车在火山岩旁边的陆上急驶112英里（约合180公里），最后由马拉松画下句点。你需要具备某些资格才能参加可娜的这场竞赛，要符合这些条件并不简单。2012年参赛的这1900名运动员，是从先前在世界各地举办的资格赛中脱颖而出的。

最一开始进入水中的，是这群优秀选手中的精英，也就是专业的运动员。男性选手区的选手在早上6点20分开始暖身。他们聚集在由两个标志构成的起跑线前，志愿者站在划桨板和小艇上监督，免得有人超过起跑线。终于，一声枪响划过天际，宣告比赛开始。观众们大声狂呼，而选手们纵身跳入海中，在水中激起一阵阵气泡。

10分钟后轮到女性选手区准备出发。这区的规模比较小，只有31位符合资格的专业级女性选手。莎拉·琵安皮亚诺（Sarah Piampiano）名列其中。虽然是职业生涯的第一年，但琵安皮亚诺早已在新奥尔良的铁人竞赛中夺冠，她还是2012年于曼哈顿举办的全美铁人竞赛中的女子组第二名。

随着另一声枪声响起，女性选手们出发了。她们很快就离开港湾，游过一个供应可娜咖啡的浮板，一心朝着远方的折返点前进。这两群人离开后，真正的混乱才正开始。1800名年纪稍长的业余铁人三项选手争先恐后地跨过起点。他们大多因为服用咖啡因而感到兴奋，那可以提升表现，是全世界最受欢迎的药品。

可娜铁人竞赛的前一天，琵安皮亚诺在朋友家中休息，远离市区的疯狂喧闹。她手上拿了杯富含卡路里的奶昔，向我讲述她的咖啡因战术："咖啡因在我比赛的当天举足轻重，特别是参加铁人竞赛时。铁人竞赛的时间太长了，有时候甚至需要比赛超过9～10小时。"

琵安皮亚诺并不是对咖啡因成瘾的人。因为对咖啡因的效果过于敏感，她大概一年只喝两杯咖啡。咖啡会让她感到焦虑不安。不过在比赛当天，她会深思熟虑地使用咖啡因，好让自己能以最佳状态出场。她摄取的是赞助厂商克里夫棒（Clif Bar）所生产的能量果胶。她用果胶来拟定比赛当天的补给策略，让热量跟咖啡因剂量达到最佳平衡。她通常会在比赛开始前吃一条含有50毫克咖啡因的能量果胶。到了自行车竞赛的路段，她每小时会摄取50毫克。随着比赛进行，她会摄取越来越多的咖啡因。

琵安皮亚诺在咖啡桌上将各式各样的能量饮料产品摊在桌上。"我这里有一些克里夫能量冻（Clif Shot Bloks），跟小熊软糖几乎一模一样，在黏稠程度上都跟果冻相似。"她在自行车竞赛时服用这些能量冻，因为咀嚼起来比较方便。此外，她还有好几款能量果胶预备在长跑时使用。这些果胶的黏稠度跟浓的蜂蜜一样，以铝箔包装包着。一整天下来，她大概每小时摄取300大卡，并逐步增加咖啡因的摄取量来提升整体表现。

"到了马拉松比赛的阶段，参赛者会越来越难补充体力。折磨人的时刻此时才开始。这也是为什么我要开始增加咖啡因的摄取的原因。在马拉松的尾声，会需要咖啡因拉你一把。"琵安皮亚诺还表示，咖啡因对马拉松精英选手来说是不可或缺的，"它太重要了！特别是你想在顶尖选手中脱颖而出，表现亮眼的时候。"

到了早上7点半，职业级选手开始如涓涓细流般回到港口，一开始是男子组，接着是女子组。琵安皮亚诺1小时左右就完成了游泳项目。娜塔莎·贝德曼（Natascha Badmann）跟琵安皮亚诺在同一组，前者曾六度拿下可娜铁人赛的冠军。选手们冲刺跑上斜坡，经过一群群鼓掌叫好的民众，接着将身上湿掉的服装脱下，换上卡鞋，戴上低风阻、泪滴状的安全帽，然后跨上碳纤维骨架的脚踏车，开始112英里（约合34公里）长的竞赛。

几分钟后，我看到琵安皮亚诺在市区内骑着自行车越过一座小丘。她穿着一件红黑相间的莱卡材质上衣，上面绣有赞助商的标志。她的肱二头肌上有着克里夫公司的文身贴纸。她骑的脚踏车是Cervélo P5，流线型低风阻设计，是价值6000美元的高档车。她自行车下方的横杆、手握把及座位后方都插了水壶。此外，她还在紧身衣口袋里塞了能量棒，好让她在接下来的5小时有计划地咀嚼这些含有咖啡因的小熊软糖。

她的臀部离开坐垫，表情坚定地踩上小丘，试图缩短与贝德曼的距离。但阵阵强风与火山岩上的热气让她的能量逐渐枯竭。贝德曼的赞助商是咖啡因饮料领头者红牛，她像火箭一般，创下当日自行车的最佳纪录。精疲力竭之下，琵安皮亚诺的速度开始落后于贝德曼。为了保存她所剩不多的体力，除了一开始精准计算过的营养品及咖啡因，琵安皮亚诺开始在每个补给站饮用可口可乐。

虽然痛苦不堪，琵安皮亚诺还是发挥实力，来到多数自行车选手称为"双腿冒火"的阶段。在这112英里（约合180公里）的路程中，她的平均时速超过20英里（约合32公里）。接着，她系上慢跑鞋的鞋带，在夏威夷潮湿的热气中开始26.2英里（约合42公里）的长跑。

琵安皮亚诺跟其他参赛者一样都服用了含咖啡因的能量果胶。几乎所有耐力持久、身材姣好的可娜运动选手都使用了咖啡因。有多少选手，就有多少种不同的咖啡因战术。

一位45岁来自安大略的业余选手告诉我，她通常只会在早上喝一杯咖啡。但在比赛当天，她会在自行车竞赛时来上两条咖啡因果胶，然后在长跑前再吞下两粒咖啡因药丸。

来自比利时的选手山姆·基德在比赛前一天于海堤旁热身，他告诉我，自己对于咖啡因摄取没什么系统性的规划。"我的生活十分忙碌，工作繁重，但运动量也很大。所以我平常喝很多咖啡，自然可以说是咖啡因成瘾。在训练和比赛的时候我都会使用含咖啡因的能量果胶，但这么做没什么特别的目的。"他耸了耸肩继续说道，"也许我多少还是像个咖啡因重度成瘾者。"（我亲眼目睹基德在第9小时零6分钟通过了终点线，看起来还是游刃有余，他在第二年参赛时就获得了35~39岁男子组冠军。）

但不是每个人都能采取和基德一样的策略。丰塔那是职业级选手，出生于阿根廷，代表他居住了10年的意大利参赛。"对我而言，在比赛时摄取咖啡因可能不是个好主意。我的胃不太好。特别在大热天比赛时，咖啡因会让我的肚子不舒服。所以我只用自己准备的能量果胶，只喝自己准备的饮料，并尽可能在比赛中避免接触到咖啡因。"

咖啡因对运动员的影响

彼得·佛沃特是位比利时的硕士，在安特卫普研究咖啡因对运动员带来的影响。他表示，研究中涉及的许多运动员，一天摄取200~350毫克咖啡因其实没什么帮助，特别在天气炎热时。他这回也参加了铁人竞赛，并告诉我："我没有使用咖啡因。但我会在最后20公里处喝可口可乐。不过这里面的咖啡因剂量其实是微乎其微的。"他说，在比赛中真是越来越难避免摄取咖啡因，"越来越多的果胶公司只生产含咖啡因的能量果胶，要不碰到咖啡因还真不简单"。

佛沃特算是学界里的异类。大部分研究者对于咖啡因带来的提神醒脑效果有全然不同的见解。这方面的研究早在一个世纪前就开始进行了。

早在1909年，耐力赛选手就已赞颂可口可乐的伟大了。（请记得，那时候可乐的咖啡因含量跟红牛一样。）在当年的一则广告里，竞速自行车选手鲍比·沃尔努尔说道："我第一次参加为期6天的比赛时，随身带了一大罐可口可乐到纽约，沿路喝个不停。我赢得了那场比赛，顺便也在离开时体重增加了10磅。那次经验后，我再也无法离开可口可乐，因为它可以让我保持清醒，却又不会在给我刺激后让我精疲力竭。"在一场6天的比赛中增加10磅似乎不大可能，但在当时一定是个轰动的点。

1912年，几位堪萨斯州立大学生理实验室的科学家，请两个受试者——一位是运动员，一位是非运动员——服用咖啡因，来研究它对身体效能的影响。

这个研究比较像是一时兴起的趣味，而不是对咖啡因科学进行长期研究。但它仍有几个特点值得大家注意：首先，这个研究开了先例，企图显示咖啡因能增加运动员效能；其次，两个受试者在研究开始前都停用了咖啡因好几周，为的是减少咖啡因成瘾带来的干扰因素；最后，实验以悲剧收场。

研究过程中，受试者大都服用了7盎司的可口可乐，"里面总共含有1.42格令①的咖啡因，大约等于一杯浓咖啡的含量"。这样的剂量大概等于92毫克，比一份SCAD略多一些。科学家们观察受试者有无食用早餐以及有无服用咖啡因之后举重的组数。

总结来说，研究者们证实了以前工人说的，适当剂量的咖啡因可以增加肌肉的效能，并减少疲劳的感觉。大剂量的咖啡因还可减少肌肉收缩所耗费的能量。

该研究的设计其实有诸多限制，样本数太少，也没有考虑到个体的独特性。受试者之一是未受训的运动员，身长5英尺（约合1.52米）、140磅重，且平常有喝咖啡的习惯。另一位受试者则壮得跟熊一样，身长5.8英尺（约合1.77米），体重196磅，还是位体育老师。

研究者希望能继续研究服用咖啡因的后续效果，但结果也不尽理想。"我们没有办法描述咖啡因的后续效果到底能维持多久，因为运动员左眼的眼直肌突然麻痹，而另一位非运动员出现神经传导异常，整个研究因此骤然中断。"

这段描述特别值得注意，想象那位体育老师如何完成漂亮的拳击沙袋练习："在研究开始之前，他训练自己用头、脚及手轮流打击回弹的沙袋。这个过程需要速度、准确度，精准控制肌肉，还要集中思绪。但服

---

① 格令，历史上使用过的一种重量单位，最初在英格兰定义一颗大麦粒的重量为1格令。——编者庄

用高剂量的咖啡因后，他的注意力、运用肌肉的精确度与时机却受到了影响，甚至无法重复做出正确的动作。"

受试者出现以上症状后，研究人员即刻终止实验。"种种迹象显示，咖啡因的后续效果影响了身体及心理机能的有效运作。"

这种结论现在看来是了无新意（毕竟是事实了）。但当年这个新潮的实验，不仅显示咖啡因能减少疲劳并增加体力，并预示了后来的相关研究。

正确摄取咖啡因

还在可娜的时候，我联络到了马修·葛尼欧，他是阿肯色大学运动与休闲健康学系的运动生理学家。我另外还联络了伊文·约翰逊，他是康涅狄格大学的博士候选人。这两个人相互合作，进行咖啡因的相关研究，这次也来到夏威夷，研究咖啡因对铁人三项选手带来的生理学影响。

葛尼欧头发浓密，看来十分年轻，讲起话来轻声细语，关于咖啡因对运动选手的帮助，他的态度非常明确。葛尼欧跟他的同事在2009年针对21篇有关咖啡因的限时研究，发表了一篇系统性回顾。大部分研究者主要将目光放在自行车选手上，有些人则研究长跑、划艇及越野滑雪选手，而这些研究的时限大多在15分钟到两小时。综观所有的研究成果，葛尼欧发现选手们的表现在服用咖啡因后有一致的进步。

葛尼欧告诉我，人们可以感受到3%的实质上的进步。"凡事总有例外——有些人服用咖啡因后就是没有办法出现跟其他人一样的效果，有些人则效果超群。有些人可能不怎么喜欢摄取咖啡因，因为这会稍微有损上场时候的表现。但整体来说，咖啡因还是能增进运动的表现。" 最棒的是，咖啡因在几乎所有的运动赛事上都是合法的。

让我们将研究成果套用到实际例子上，3%的进步比例指选手能在一场10小时的比赛中加快18分钟。在可娜的职业级竞赛中，男子及女子组第八名和第一名间的差距就是18分钟。

就算是业余休闲的选手也能明显感受到咖啡因带来的效果。如果一位选手在不服用咖啡因的情况下于40分钟完成10公里竞赛，那服用咖啡因后时间还可以再缩短72秒。咖啡因甚至可以让1小时的自行车竞赛缩短1分半钟。

"咖啡因这种药品非常独特，人体各个部位几乎都可以受到影响。"葛尼欧说，"大家目前的共识是，咖啡因主要作用于脑部，也就是中枢神经系统。"腺苷的功用是告诉大脑我们的身体感到疲累，而咖啡因会抑制此神经传递物质，减缓疲累的感觉。

葛尼欧表示摄取正确剂量的咖啡因是十分重要的，每千克身体质量可以摄取3~6毫克咖啡因。这样算出来的剂量其实很多。一位80公斤的运动选手每千克若要摄取6毫克，总共需要480毫克的咖啡因。"这等于4杯高浓度的咖啡。你如果喝得下去，那就是你提高运动表现的剂量上限。"

用"一杯咖啡"为单位来测量咖啡因太不精确，而以下方式可以帮我们算得更精准：480毫克咖啡因等于一瓶8盎司的红牛饮料、两颗半的No-Doz药丸、两瓶加强版的5小时能量饮料。这个量比6份SCAD还多。

如果身材小一号的运动员使用中等剂量的咖啡因呢？举例来说，65公斤的运动选手每千克若要摄取3毫克，咖啡因剂量仍不容小觑：2.5份SCAD、一片No-Doz药丸、一瓶5小时能量饮料，或两罐半红牛饮料。但饮用含咖啡因的苏打饮料，像是可口可乐，就难以达到这个剂量。一位65公斤的运动员须要一口气牛饮将近6罐可乐，才能符合每千克3毫克的剂量。

话虽如此，小剂量咖啡因有时还是很有效的。根据一篇研究所述，运动选手参加两小时的自行车竞赛时，在比赛尾声摄入小剂量的咖啡因（每千克1.5毫克，摄取来源是可口可乐）可以很有效地提升运动表现。

葛尼欧表示，几乎所有的耐力赛选手都会使用咖啡因（部分原因是，不论是否为运动选手，一般人每天都有摄取咖啡因的习惯）。但他说许多运动员对咖啡因还是抱持着某些误解。其中之一就是他们觉得咖啡因会使自己脱水。

有篇补充水分的研究追踪了59位健康男性自愿受试者达11天，并给予不同剂量的咖啡因。但是研究者并没有在受试者身上发现任何脱水迹象。研究的结论表示："这个发现可以让我们修正一般民众的观念，长期来看，咖啡因应该没有利尿剂的效果。"

虽然这个研究结果似乎违背了许多喝咖啡者的直觉，特别是那些堵在车流中膀胱快炸裂的通勤族，但葛尼欧表示，科学证明咖啡不具有利尿效果。12盎司的咖啡与12盎司的水其实具有同等的利尿效果。

为了在比赛时能有最好的表现，运动比赛前一天到底该不该停止摄取咖啡因呢？许多人都有这样的疑问。但葛尼欧表示，目前尚无研究报告显示这么做的效果怎样。"运动表现的部分，我们已经很清楚，不论平常是否服用咖啡因，只要比赛当天服用，都可以看到成效。"就算如此，他还是建议选手们在赛事前几天停止服用咖啡因。戒掉咖啡因一周的时间可以让大脑重新调整，回归腺苷受器的基本功能，减少咖啡因耐受性，服用低剂量咖啡因就可以达到很好的效果。相对地，平常有摄取咖啡因习惯的人可别以为将摄取量加倍，就会有更好的效果，那绝不是个好主意。因为如此一来就会超过适当剂量，甚至会使他们手抖、心悸或肠胃不舒服。

有这方面问题的运动选手比比皆是。只有非常少数的运动员会像琵安皮亚诺一样在比赛前停用咖啡因。肯特·博斯蒂克是一位自行车选手，曾参加过奥林匹克运动会，也曾获得美国国内赛的冠军。他告诉我，咖啡因能在比赛中给予他优势，但这有可能是因为他平常不碰咖啡因，并且对咖啡因也不具有耐受性。"我通常会吃半颗吾醒灵，再喝一大杯咖啡。这样在比赛当天就可以让我精力充沛。"这样的转变连伙伴都注意到了，甚至还曾问他："你怎么有办法在比赛那天骑得那么快？"

不过，你也不一定要经历戒断阶段才能在比赛当天获得咖啡因的刺激。有群澳大利亚的研究员针对12位常使用咖啡因的男性自行车选手进行了测验。这些选手在试验开始的前4天都服用了药丸。有些药丸是安慰剂，有些则含有咖啡因。接着这些选手要完成一小时的自行车测验。已戒断咖啡因的选手们跟有规律地服用的选手们在运动表现上几乎一样，效能都有增强。研究员如此记载："在这两个极端的咖啡因试验中，一边是先服用安慰剂再使用咖啡因，另一边是持续使用咖啡因，我们并没有发现显著的差异。不论平常就在服用咖啡因的受试者是否有经历4天的戒断阶段，每千克3毫克的咖啡因剂量都可以显著地提升运动表现。"

约翰逊是葛尼欧的研究同事，他发色很深，身材结实且充满干劲。他表示，针对运动员所进行的咖啡因研究有个局限，就是大部分的研究只聚焦于短时间的耐力竞赛，通常为1小时，没有人去注意铁人三项这种长时间竞赛的咖啡因效应。他先前也曾参加过铁人竞赛，所以很清楚过程是多么疲累，也知道要在实验室里重现这样长时间且剧烈的运动基本上是不可能的。

不同个体对药物的反应差异很大，因此约翰逊表示，咖啡并不适用于每个运动员。有位认证合格的个人教练曾训练过一位长跑选手，这位选手连一杯茶都无法下肚。就算她能从茶里的咖啡因中获得一些优势，最后还是会被极度的神经敏感与不适所抵消。其他的运动员，像琵安皮亚诺，平日摄取咖啡因时也会神经敏感，但在比赛日却不会有这个问题。

约翰逊建议大家最好明智且审慎地使用咖啡因。"我对摄取咖啡因感兴趣的一点，就是它有可能让你对它产生依赖。我曾读过一些公共卫生相关的回顾文献，想了解我们国家咖啡因的使用情况。你会发现很多人一天之内就会摄取非常多的咖啡因，到了就寝时间却无法入睡，于是寻求酒精或其他助眠方法来帮助入眠，结果隔天早上全身酸软无力，这时候又需要咖啡因，然后周而复始地进入恶性循环。我觉得当一个人到了这个阶段时，绝对不是件好事。"

此外，运动时服用咖啡因还有一个难解的问题，究竟是增进新陈代谢还是禁药？"咖啡因在运动方面的影响已被证明。从某种意义上来说，它就是能提升运动表现的物质。"约翰逊表示。

许多自行车选手都是咖啡因的忠实拥护者。美国有个名列前茅的职业队伍就是由5小时能量饮料所赞助，加拿大也有个职业队伍是由多伦多的喷射机燃料咖啡（Jet Fuel Coffee）赞助。美国自行车选手艾莉林·邓拉普（Alison Dunlap）的辉煌纪录包括自行车登山赛和公路越野赛的世界冠军及全国冠军，她特别强调咖啡因的优点。她在接受《自行车杂志》（*Bicycling*）采访时说道："咖啡因是我的万能灵药。我会在比赛后半程时至少摄取100～200毫克的咖啡因。比赛时不要太早接触咖啡因，一旦开始摄取，就最好不要停。否则当咖啡因的效果减退时，你就会进入撞墙期。"

有些自行车选手则摄取了太多咖啡因。阿列克斯·格雷瓦尔（Alexi Grewal）曾在1984年的奥林匹克运动会中夺得金牌，这位美国自行车选手就非常频繁地摄取咖啡因。他的文章曾刊登在《维若新闻》（*VeloNews*）上："火箭燃料（Rocket Fuel）是一款茶饮，里头含有一份吾醒灵，浓缩版的火箭燃料则含有两份吾醒灵。身为一群职业选手里的业余玩家，用这个取代咖啡因药丸，我的腹部绞痛就不药而愈了。"

违规红线

虽然咖啡因是能提升运动表现的药物，在大部分的赛事中却完全合法。但凡事总有例外，有些自行车选手就违规压线了。美国自行车选手史蒂夫·赫格（Steve Hegg）曾在1984年赢得金牌与银牌，在1988年的奥林匹克运动会中却被除名。因为大会的规定为每毫升尿液中咖啡因浓度不可超过12微克，而史提夫的尿检结果超标了。1994年，自行车竞赛的世界冠军詹尼·布尼奥（Gianni Bugno）因为筛检结果呈阳性反应而遭禁赛，检验标准为每毫升尿液检体中不可超过16.8微克咖啡因（布尼奥声称自己除了咖啡之外什么都没有喝）。

事实上，因为咖啡因而踢到铁板的不只是自行车选手。美国田径接力赛选手英格·米勒（Inger Miller）在1999年的室内田径锦标赛因为咖啡因使用过量而被迫放弃60米赛得到的铜牌。米勒坚称自己只喝了平常早上会喝的咖啡，并在比赛后喝了几瓶可口可乐赞助的可乐。"真的喝一整杯咖啡我也认了，但饭店提供的那一小杯，实在说不上算一杯还是半杯……我实在很难知道，自己摄取的到底每毫升有几微克的咖啡因。"她这样告诉美联社，"他们说我没问题，还让我下场比赛跑步。之后我喝了两瓶他们提供的可乐，突然就超标了？真是让我感到困惑。没有人能告诉我为什么，也没有办法可以重回当下的情境，但我可是承受高度期待的选手啊。"

虽然大部分运动机构已经解禁，但还是有些机构把咖啡因当做禁药，列入其他能增加体能的药物。直到2004年，世界反运动禁药机构（World Anti-Doping Agency）和国际奥林匹克委员会还是认定每毫升尿液的咖啡因剂量合法上限为12微克。不过，他们在2004年将咖啡因从禁药清单中除名，因为咖啡因唾手可得，要是设下规范，运动选手可能会因为摄取一般人认为的正常剂量而被处罚。（根据某篇尿液样本的分析，规范调整后，咖啡因的使用情况没什么变化，可能是因为运动员可以通过更低剂量的咖啡因就得到最佳表现。）

国家大学体育协会（The National Collegiate Athletic Association，NCAA）目前仍将咖啡因列为禁药，只要每毫升尿液超过15微克就超标。如果浓度要超标，运动员需要摄取的咖啡因每公斤体重至少要超过10毫克。让我们以那对80公斤与65公斤的运动选手为例，换算一下，分别需要摄取超过10份跟8份SCAD，但尿液筛检结果是完全不可信的。

就算运动竞赛中使用咖啡因是合法的，这样做符合运动伦理吗？蓝斯·阿姆斯特朗的禁药丑闻在2012年秋天被揭露时，有位年轻的自行车选手就公开表示，咖啡因的使用早已泛滥。泰勒·菲尼（Taylor Phinney）曾代表美国参与两届奥林匹克运动会，并在22岁时于环意大利自行车赛赢得单站冠军。他表示，就算大家开始注意并加强控管能增强表现的药物，自行车界的药物使用风气还是过于放纵。"选手经过的地方随处可见用过的空瓶罐，这些都是咖啡因药丸及止痛药。这东西会让你非常疯癫，这也是为什么我从来没尝试过这些东西的原因。我连试都不想试，它们看起来十分危险。"菲尼在接受《维罗国度》（*VeloNation*）的采访时这样说道。那么菲尼到底觉得什么是安全的呢？他说自己会使用含咖啡因的运动果胶和可口可乐，但绝不会尝试咖啡因药丸。

咖啡因不论从药丸或咖啡摄取，产生的效果其实都一样。但大众对这两者的观感是不同的，大家会觉得前者像是毒品，后者反而是广受喜爱的饮料。

这也正是美国运动医学学会（American College of Sports Medicine）试图要做出的区别，在一份针对咖啡因与运动的声明中，他们这样说道："目前对精英选手而言，如常人一样每日喝咖啡是可接受且合理的行为。但要是为了获得比其他竞争者更多的优势，刻意摄取纯咖啡因，这就不符合运动伦理了，而且会被当做在服用禁药。"如果要套用这样的定义，全世界前几名的耐力赛选手都变成禁药毒虫了。不过，这份声明只是诉诸道德，而不具法律效力。

特里·格林汉姆是圭尔夫大学（University of Guelph）的教授，在研究咖啡因代谢的生理机制上有几十年的经验，他同时也是上述声明的共同作者。我曾跟他讨论相关议题，他也承认这部分目前仍处于灰色地带。

格林汉姆告诉我："这取决于你对于服用禁药的定义。如果指的是违法禁药，那摄取咖啡因当然不算使用禁药。但若是为了赢过某人或得到更多优势而刻意摄取非必需的养分，那我觉得这就算是服用禁药。"

就我在可娜看到的情况，大部分运动员所采取的咖啡摄取策略，只有少部分人符合格林汉姆的定义。相对地，将咖啡因视为合法且能有效提升表现的药物，大部分人都能接受。

咖啡因的陷阱

另一个得关注的问题是，使用咖啡因来提升表现的自行车、铁人三项及其他类型的运动员，会依赖安眠药来帮助入睡。这就是约翰逊先生所提到的"药物补充的恶性循环"。这也是许多重度咖啡因摄取者会掉入的陷阱。

我在可娜遇到一位选手，他说，有些选手确实会在赛后服用助眠药入睡，这很平常。2012年10月某天傍晚，为了提升表现，英国足球队于世界杯资格赛时服用了咖啡因药丸，这样的行为才掀起了争议。比赛结束之后，这些选手们仍精力旺盛，却没有比赛可以继续拼搏。有些人服用了助眠药，好让他们在晚上能得到足够的休息。（令人讶异的是，格林汉姆告诉我，不论我们坐在桌前还是跑马拉松，咖啡因的代谢速度都一样。所以就算选手们已经打完一场比赛，咖啡因的效果还是会延续到赛后。）英国队在隔天与波兰队的比赛中，以一比一的拉锯分数进入延长赛，好几位运动记者将此归咎于选手服用助眠药后提不起劲比赛。

澳大利亚的运动员也掉入了同样的陷阱。一位奥林匹克的游泳选手承认，他对史蒂诺斯（Stilnox，一种助眠剂，在美国的商品名为Ambien）产生依赖之后，澳大利亚当局立即告知要参加伦敦奥运的选手不可服用镇静剂。澳大利亚奥林匹克委员会CEO约翰·寇兹（John Coates）告诉路透社："我们很担心选手把咖啡因当成运动增进剂，这会导致恶性循环，接着就会需要服用史蒂诺斯这类药物才能入睡。"

　　精英运动员不只会通过咖啡、药丸和能量果胶等传递机制来摄取咖啡因，还有更多新的产品。口嚼咖啡包的包装看起来像是祝好运（Skoal）的口嚼烟草包，只是里面是咖啡而非烟草。这项产品在职业棒球大联盟里正掀起一阵波澜。这种含咖啡因的浸泡物现在可在12家俱乐部购买。篮球巨星勒布朗·詹姆斯也是来一片（Sheets）公司的股东，这是一种可融化在舌头上的含咖啡因产品。"我习惯在比赛前中场休息的时候服用。"詹姆斯在接受访问时说道，"我过去试过数以千计的其他产品，目前还没有哪个产品比得上来一片。若想提振精神，服用来一片绝对是聪明且方便的选择。"

　　如果你在晚间的比赛因为服用来一片导致晚上睡不着，相信我，你还可以尝试另一种夜间型来一片（Sleep Sheets）。网坛巨星小威廉姆斯也喜欢这种能量果胶口含片，里面含有洋甘菊、褪黑素和茶氨酸。

协助耐力赛

　　让我们回到可娜，那场清晨开始的比赛直到中午还在如火如荼地进行。琵安皮亚诺在下午稍早时沿着阿里滨海大道一路跑下来，才到这场马拉松的1/3。一股徐徐的凉风从海滩的方向吹向街区，可以看到海上的冲浪选手们在近海处乘着高到胸口的海浪冲浪，但陆地上的太阳光却让人觉得闷热无力。琵安皮亚诺绑着马尾，戴了副太阳眼镜遮住蓝色的眼睛，帽舌下方的阴影笼罩住她坚定的脸庞。

她还剩下16英里（约合25.8公里）的长跑距离。她的跑步策略很聪明，以每英里7分45秒的速度前进。大部分的选手都被甩在后面。比赛至今已进入第八个钟头，只剩两小时就要结束。也正是这时候，心理和身体上的疲劳会彻底摧毁运动选手。琵安皮亚诺的左手紧抓着一包铝箔包，那是一包摩卡口味的能量果胶，里面含有50毫克的咖啡因。

琵安皮亚诺跑过我面前后，我开始观察后面跑过补给救助站的其他选手。那儿有好几位志愿者大喊着"水！水！"还有"能量果胶！能量果胶！"选手们依次经过，一边小跑，一边从他们手中抢过海绵，挤出冰水淋在身上，喝着纸杯装的水或可乐，或是搜刮桌上的能量果胶。

GU是第一家在美国销售能量果胶的公司，同时也长期赞助铁人竞赛。该公司特别专注于生产一人份的铝箔包能量果胶，为的是让运动选手在耐力赛时能持续补充能量。在可娜的时候，我遇到了GU公司的实验室创立者与CEO布莱恩·沃恩（Brian Vaughan）。他告诉我，GU能量果胶的碳水化合物里含有不可缺少的有机酸、电解质，还有咖啡因。

沃恩表示，自家产品中大约2/3含有咖啡因，而运动员通常会为了具体的目标而服用他们家的产品。"名列前茅和专业级的选手都希望能在耐力赛中通过咖啡因一决高下。在比赛一开始，他们也许都摄取去咖啡因的产品。在比赛前面的阶段，肾上腺素在体内流窜，选手们通常没有体力的问题。而到了中期及尾声，选手会开始寻求不同浓度的咖啡因。在比赛后段来个能量补充真是求之不得，咖啡因对中枢神经系统的刺激可以激活你的脑袋，让神智更清楚。"

　　咖啡因对耐力赛选手是如此重要，可以增进注意力，特别是在疲劳感缓缓渗入时。"有时候你会在比赛途中突然失神，随着时间流逝，就会开始落后其他选手。"沃恩告诉我，"对竞赛选手而言，比赛中能够专注于微小的目标是非常重要的。"

　　除了阻断心理上疲劳的功用外，咖啡因还有另一个对新陈代谢的显著作用。好几年来，科学家都以为咖啡因主要的机制是节省肌肉内的肝醣。这个理论的内容是，咖啡因会借由缓慢增加肾上腺素来增加血液里游离脂肪的浓度，而肌肉会优先使用这些游离脂肪，而非已被储存的肝醣。

　　"这个理论看起来很完美。"圭尔夫大学的格林汉姆教授这样告诉我。但他煞费苦心地研究后，告诉我们这个理论是错的。"服用咖啡因后，你在运动中测量新陈代谢，绝对不会发现脂肪代谢的增加或碳水化合物代谢的减少。"他这么说道，"接着测量肝醣的浓度，数值会有很大的变动，因为体内的肝醣浓度也是浮动的，但大部分的受试结果并没有出现肝醣缺少。"

　　另一位先前与格林汉姆合作过的加拿大学者揭开了咖啡因提升运动表现的神秘面纱。马克·诺波尔斯基（Mark Tarnopolsky）是安大略的内科医师，同时也是迈克尔马斯特大学（McMaster University）的小儿科教授。他还参加过全国性的越野跑、冬季铁人竞赛、定向滑雪以及越野挑战赛，所以他足够有资格了解运动员身上的咖啡因作用。

　　我们通过电话讨论。他告诉我，肌肉力量的关键在于肌浆网。肌浆网可以说是肌肉内装了钙离子的袋子。他说咖啡因会促进肌浆网释出钙离子，而释放更多钙离子就等于每段肌肉纤维有更多的收缩力。

为了更了解这个过程，诺波尔斯基需要在没有大脑干扰的情况下测试咖啡因对肌肉的影响。他用力量传感器夹住受试者的腿，这个仪器可以测量肌肉做功产生的力量。接着，他通电电击受试者的肌肉。

低频率的电流直接通到腿上，是在模仿肌肉于低强度跑步的情况下所做的功。因此，受试者的大脑不会知道肌肉收缩的强度。"我不在乎你当下到底有多累，不论你太太是否当天离你而去，也不管你是不是输到身无分文。当那台机器发出电流，你的肌肉就会开始做功。"诺波尔斯基说。

诺波尔斯基发现服用咖啡因的受试者肌肉做功的力量比较大。"受试者接收的电流一样的情况下，服用咖啡因的受试者有比较强的肌肉收缩强度。也就是他们可以在较小的电流强度下以同样的速度奔跑，或是在同等强度的电流下跑得更快。"

咖啡因在肌肉及心理上所产生的效果非常不同，所以能从这两方面协助耐力选手。此外，对于不同的身体部位，咖啡因作用也不同。咖啡因阻断了腺苷"让你感到疲劳"的作用，就像肌肉开始运作时不断投入燃料。

身为运动选手，诺波尔斯基自己使用咖啡因的策略非常简单。他通常会在比赛前一个小时喝一杯大杯提米咖啡，这是加拿大人热爱的提姆·霍顿（Tim Hortons）连锁店的昵称。这样一杯咖啡通常含有150毫克咖啡因。在时间较长的比赛中，他也会使用含有大约50毫克咖啡因的能量果胶。总的来说，他每公斤体重会摄取大概两毫克咖啡因。

咖啡因似乎是运动员眼中的万能灵丹，但还是有过度使用的风险。有个充满戏剧张力的个案发生在一位阿拉斯加人身上，他参加了位于安克拉治及诺姆之间的艾迪塔罗德雪橇狗大赛（Iditarod race）。弗纳·斯蒂勒（Verner Stillner）医师在一篇1978年的论文中讲述了这个与摄取咖啡因有关的传奇故事。主角是位28岁的渔夫，同时也是位陷阱捕兽者，在故事中我们称他为A先生。

在比赛进行到第三周时，A先生决定驾狗拉雪橇不间断地行进48小时。"晚上吃过猪排后，冲泡了两杯咖啡，又喝了三罐可乐。之后他继续在零下的温度及强风中驾狗行进。"斯蒂勒在文章中写道，"虽然他已经随餐摄取了差不多270~330毫克咖啡因，但还是越来越难维持清醒。用餐两小时后，他又吃下了400毫克咖啡因（2粒吾醒灵）。大约20分钟后，他又多吃了400毫克。所以，他在3个小时内吞下了超过1000毫克咖啡因。"

A先生之前习惯摄取中等剂量的咖啡因，每天摄取差不多270~360毫克，只有极少数人可以忍受他那晚所摄取的超高剂量。毫不意外地，A先生开始觉得身体不适，这都要归咎于那13份SCAD的咖啡因。接着他驾着雪橇进入天寒地冻的阿拉斯加的黑夜。他的双手开始颤抖，耳朵开始听到明显的嗡嗡声，还发现头灯的光线只能照出一小条视线。长长的上坡路段似乎像是平坦且布满星辰的平原。晕眩感接踵而来，他甚至在短时间内从雪橇上跌下两次。他还开始怀疑自己到底有没有在比赛，害怕自己孤苦伶仃地被抛下。

但A先生成功地穿过了黑夜，他的症状在6小时后慢慢消退。他在3天后完成了比赛。斯蒂勒医师在结论中说道："5粒200毫克随处可得的咖啡因非处方药就足以让人产生谵妄。就算较低的剂量也可能导致感知和运动障碍，这证明了在类似长距离开车这种情况下服用咖啡因是有危险性的。我们应该多注意咖啡因在这方面的影响。"

最后，琵安皮亚诺的表现并不如一开始的预期。她在524名参与可娜竞赛的精英女性中击败了495人，这成绩对一般人来说卓越非凡，但在职业级选手中又是另一回事。她归纳了自己的问题，觉得可能是因为赛季长期累积的疲劳所致。

琶安皮亚诺表示咖啡因果胶确实有帮上忙，特别是进入马拉松的阶段时。"这次比赛我比之前更早地开始服用咖啡因。"她说，"我更能感受到咖啡因带来的效果，我也注意到服用后产生的改变。如果没有咖啡因，我可能会不断撞墙，完全没办法继续比赛。"

比赛的隔天又是个温暖的艳阳天。在可娜市区徘徊闲晃的1900名铁人三项选手中，有些人痛苦地跛行，但并不如你会预期的那么多。最值得注意的是许多选手反而在比赛隔天跑步或骑自行车，这可能是为了放松他们紧绷的双腿。

而那些受到铁人三项选手激励而开始清洗家里的老旧脚踏车或开始系上慢跑鞋鞋带的观众呢？咖啡因对他们也有帮助。一群澳大利亚的研究员得出了这样的结论。

他们的受试者是每周运动量少于一小时且平常没有规律地服用大量咖啡因（每天咖啡因摄取量少于120毫克）的人。这些受试者服用内含安慰剂或每公斤体重6毫克的咖啡因胶囊后，骑健身脚踏车达30分钟。这样的咖啡因剂量很大，对一位140磅的人来说等同于5份SCAD，对200磅的人而言更高达7份SCAD，实验的结果很明确。

"这个研究显示，对惯于久坐的人，中等剂量的咖啡因可提升他们的脚踏车成绩。"研究员如此记录，"除此之外，咖啡因会增加氧气的摄取及能量的消耗，受试者也不会觉得用力的程度一直在增加。"后者的发现比较重要。服用咖啡因的人不会感觉到自己更卖力，但实际上已经消耗了更多能量。"对先前提到的那些惯于久坐的人，这个结论可以激励他们多运动，最终在有氧运动及整体健康表现上都会有正向的结果。"

但研究者留下了一则警告："尽管如此，试图戒断咖啡因时，伴随着咖啡因成瘾的许多症状会相继出现。我们建议只有在运动早期才开出咖啡因处方来作为激励运动者的辅助工具。特别要注意的是，在咖啡因惯用者身上，增进机能的效果会大打折扣。"

最后他们精确、简明地指出使用咖啡因时最困难的一点："咖啡因可以刺激并改善你的运动表现，但也具有成瘾性。换句话说，不管是在训练或比赛时使用它，一定要审慎衡量。"

第十章　特种部队的咖啡因需求

战备口粮的原料之一

你可能会简单地把咖啡因还有美国人对这款兴奋剂的热爱视为一种近来的风潮，但事实并非如此。请看看下列的描述："一种可以刺激脑部、神经及肌肉的化学物质，是日常所需的必备品，且每个国家都在使用。"

并不是步调快速的现代世界才使用咖啡因。事实上，在汽车、电视甚至广播出现之前，也就是在马匹哒哒地沿石头路走下、人们步行去工作的时代，咖啡因就出现了。那个时代的一切事物看起来文明多了，至少从我们怀旧的眼光看来是如此。"咖啡因广受欢迎，在某些场合更是不可或缺。"1896年的美国战争部长在报告上这么说。他接着谈到，"当粮食不足且疲累感袭来时，这样的兴奋药剂显得不可或缺。它一定要成为战备口粮的原料之一。"早在一个多世纪前，军事领导者就已在思索如何让士兵活力充沛。

军事用途的兴奋剂在经过一个世纪的研究后有了些改变。值得注意的是，报告清单上所列的第一项——清汤或茶里的牛肉萃取物——已不再被认为是一种兴奋剂。清单上剩下的其他物品大家就比较熟悉了，上面有可乐果："一种强力且安全的兴奋药剂，不会有让人不舒服的副作用或药效过后的抑郁情绪……目前自行车选手和其他精疲力竭的人们已广泛地使用它。"问题是，根据报告的结论，可乐果保存不易，要将它做成战备口粮是不大可行的。

当然，我们还有茶，而且比咖啡更方便携带。这篇报告主要着重在压缩后的茶砖。"一块茶砖的直径为$1\frac{1}{8}$英寸（约合2.86厘米），厚度为3/8英寸（约合0.95厘米），重1/3盎司。这样一块茶砖就足以泡出3~4品脱的浓茶……作为战备口粮来说真是再好不过了，在战场上可能比咖啡还好。不过茶并没有获选成为口粮，因为大多数美国大兵还是想喝咖啡，越多越好。"茶也许不是那么合美国人的口味，但美国人的邻居完全可以接受它。"西北加拿大皇家骑警队目前就使用茶砖，对茶的效果非常满意。跟咖啡相比，这些人比较喜欢茶。"

让我们回头来看看咖啡。"大分量的咖啡应该成为战备口粮的一部分。在精疲力竭且粮食短缺的同时，它能刺激思绪、神经及肌肉，这种效果完全就是我们想要的。"

接着，就跟现在一样，人们仍在努力思考如何在战场上还能泡出一杯新鲜美味的咖啡。"咖啡豆必须事先烘焙过，不然在紧急情况下不会有机会这么做。而烘焙过的咖啡，不管有没有研磨，只能存放很短的时间，除非有真空密封。"他们将研磨咖啡压缩后制成各种块状，但还是不够好，跟香味有关的物质还是很容易挥发。因此，军方寻求瑟尔埃勒斯（Searle & Hereth）这家芝加哥药厂的援助。对如何密封包装压缩咖啡，瑟尔公司有自己的一套方法："咖啡烘焙且研磨过后，再压缩成片，撒上糖之后真空包装。"不幸的是，药厂的咖啡片太容易碎裂了。（对此，瑟尔后续的其他产品有更好的改善，像是导安宁胶囊〔Dramamine〕、美达施〔Metamucil〕、天然甜〔NutraSweet〕以及早期的口服避孕药安无妊〔Enovid〕。）

结果证明，在19世纪末，咖啡的萃取物不大能满足军方的需求。"速溶咖啡"这个词当时还没人使用，"固态咖啡萃取物"这个词比较能概括这个新兴产品的本质特点。"这种方法做出的咖啡味道很糟。这款固态萃取物会从市场上消失，我们猜测，是因为制造过程中香气及其他物质被破坏，才使它变成失败的产品。"

早在一个多世纪以前，美国军方就在思考要如何增加士兵的咖啡因摄取量。我们现在可以很方便地得到答案，因为军事科学家帮我们完成了几个最有用的咖啡因研究。

其中某些研究是在美国马萨诸塞州"纳蒂克士兵研究、开发与工程中心"（Natick Soldier Research Development and Engineering Center）完成，这个地方离波士顿西区约半小时车程。外表看起来像座大型的近郊公园，只是有士兵在警卫室站岗，外面还围着防爆墙。

其中一栋建筑中，有间灯火通明的房间，那就是铁血悍将咖啡馆（Warfighter Café）。表现优化研究团队（Performance Optimization Research Team）的领导者贝蒂·戴维斯（Betty Davis）就在这里向我展示一整桌的零食——苹果酱、牛肉干、能量棒，还有营养充足的"管状食物"，尝起来像布丁，可是外表看起来就是一大条牙膏。这些产品有两个共同点：都是为了士兵精心设计出来的（铁血悍将是目前国防部的专用词汇），而且都添加了咖啡因。

自从1962年冷战的高峰期开始，纳蒂克研究中心的学者们就开始研究如何增加士兵们在战场上的表现。他们甚至拥有两座大型风洞来测试战斗装备在极端情况下的变化：一个模拟热带情境，另一个则是寒冷的空间，温度甚至可以低至-20℃。这里研发出的女性专用作战服，曾荣获《时代》杂志2012年度最佳发明奖。这种作战服代表了研究者们所谓的"体外"结构，只要是士兵体外的任何物品都归于此类。而戴维斯的任务则是在"体内"，也就是士兵的生理机能。

戴维斯给我看了一份塑料包装的口粮，大小差不多是一小本精装书。它被称作"第一击口粮"（First Strike ration），包装内浓缩了各种营养成分，符合轻量化的要求，让士兵能快速移动。士兵以前得拆开厚重的即食口粮MRE（meal ready-to-eat），还要丢掉里面多余的物品。有鉴于此，纳蒂克的研究员才研发出这款口粮。

"MRE是主要的单人份口粮，你一天可以获得3份。"戴维斯告诉我，"在某些情况下，你得想办法把它重新包装成野战小袋，因为你会需要更多空间来装弹药之类的东西。所以我们询问士兵哪些物品会装进小袋，理由是什么。我们设计第一击口粮，首要目标就是希望能在提供养分的同时，也可以提供边走边吃的机动性。这就是战斗口粮的概念。MRE一天大约可提供3600大卡的热量，而改良过的第一击口粮供给2900大卡，因此也被称为精简口粮。"

军方的考虑在于，士兵从一份第一击口粮就能得到一整天的能量，而不需要3份。戴维斯还表示，为了将最多的营养压缩到一个小包装，相当于3份MRE的大小及重量的一半，所有的食物成分都是特别配方。她说："我们用某些物质来提高各种成分的营养价值，其中一项就是增加警觉性的咖啡因，还有增加体力用的碳水化合物，以及减少肌肉耗损的蛋白质。"

第一击口粮里满是咖啡因。一开始，可以先试试"保持警觉"口香糖（Stay Alert gum），每包5片装，每天含有100毫克咖啡因，大约比1份SCAD还多一些。这项产品一开始由箭牌口香糖的子公司和瓦特·瑞德军事研究所（Walter Reed Army Institute of Research）的研究者共同研发出来，再送到纳蒂克研究中心接受测试。此外，口粮里面还有Z苹果酱（Zapplesauce，一种加了咖啡因的苹果酱），还有摩卡口味的第一击营养能量棒（First Strike Nutritious Energy Bar），里面含有110毫克咖啡因。某些口粮里还装了速溶咖啡（士兵有时候嚼口香糖时会倒进嘴里，就像在嚼祝好运口嚼烟草，也可以说是自助式的口嚼咖啡包）或含咖啡因的薄荷糖。

戴维斯的桌上摆着一个小碗，里面堆了一叠添加过咖啡因的两英寸（约合5.08厘米）长的肉条，看起来就像是"瘦吉姆"肉条（Slim Jim）。我打开一条放在口中咀嚼，味道还真是不错。此时一位头发浓密、举止不卑不亢的男人走向我，开口问道："所以他们已经开始喂食你了？"这个人就是哈里斯·里伯曼（Harris Lieberman），美军环境医学研究院（U.S. Army Research Institute of Environmental Medicine，USARIEM）的心理咨询师，同时也任职于纳蒂克研究中心。里伯曼研究咖啡因长达30多年，简直可称为咖啡因百科全书。事实上，他曾负责撰写百科全书的咖啡因条目，也十分清楚咖啡因对士兵带来的好处。

他伸手拿了条牛肉干。"这东西真的很好吃。"他说，"肉干的味道也确实可以盖过咖啡因的味道。"

在研发保持警觉口香糖的时候，咖啡因本身带有的苦味确实造成了一些挑战。"所以这个产品的配方跟一般口香糖维持宜人风味的方法是不同的。"他说,"调味的重点在于你开始咀嚼肉干时不会尝到咖啡因的苦味。"

虽然调味是项挑战,但口香糖跟其他传统的咖啡因传递机制相比,有个极大的优势:咖啡因在舌下的黏膜吸收得较好。马里兰州瓦特·瑞德军事研究所的研究员发现,咖啡因口香糖带来的兴奋效果可在5~10分钟内达到高峰,而药丸或咖啡、可乐这类饮料形式的咖啡因则需要30~40分钟的作用时间。

当伊利诺伊州的共和党代表丹尼斯·哈斯特(Dennis Hastert)在1998年的联邦国防支出法案添加25万美元的预算时,咖啡因口香糖的研究就具有了些微的政治色彩。此举让箭牌的子公司亚慕柔(Amurol)可以研究咖啡因口香糖如何运用在军事用途,不过其他议员质疑这样增加预算无疑是哈斯特用政治力嘉惠自己家乡的产业。稍后,箭牌同意授权,以自家专利的咖啡因口香糖技术来替军方生产保持警觉口香糖。(有两家新泽西的企业于2004年打算把自家生产的口香糖挂在震动可乐〔Jolt〕的品牌下销售。虽然箭牌公司当时已不生产口香糖,但还是提出了专利被侵犯的诉讼。不过,到了2013年,箭牌的咖啡因口香糖引起了更多争议。)

助力飞行员

里伯曼表示,如此迅速提供咖啡因的产品,其运用范围早已超越军事用途。"让我给你一个大众生活中的例子，当你在开车，突然间觉得睡意袭来时，一定会想马上解决这个问题。你不会想要等咖啡因产生作用，咖啡因的效果在车祸发生前越快出现越好。当然，这样的产品有很多潜在的军事用途，特别是在得立即解决问题的情况下，这也正是它跟传统咖啡因产品很大的不同。咖啡因口香糖拥有绝对优势，在紧急情况下，几分钟的差距就会有天差地远的后果。"

里伯曼指了指桌上的几条软管。其中一条银色的管身上标注了"含咖啡因的苹果派"，另一个则是"含咖啡因的巧克力布丁"。那个苹果派被填充了100毫克咖啡因，而布丁则含有200毫克。这些产品是特别为了驾驶U2间谍机的飞行员设计的，他们飞行的高度达7万英尺（约合21336米）。里伯曼走向咖啡厅的一个架子，拿下一顶类似飞行员穿戴的头盔给我看。

"他们供给咖啡因的渠道很特别，因为这些飞行员全身包裹得像是航天员一样。"他说，"U2飞机是一种侦察机，飞行的高度让人无法想象，且机舱内是未加压的，这也是为什么飞行员需要穿上压力套装及戴头盔的原因。他们的飞行任务时间很长。虽然不是特别长，但你可能无法忍受这段时间要在上面不吃不喝。他们从嘴巴吃东西的唯一方式，就是通过这根小小的东西。"他所说的小东西指的是一种精制的吸管，可让他们吸进软管的食物。

里伯曼对这项系统非常熟悉。他和同事曾用它来研究咖啡因对飞行技巧的影响。受试者是12位美国空军驾驶员，他们在晚上接受仿真器的训练。此外，研究员他们让勾选问卷、评估情绪状况，并测试他们的认知功能。这项研究的独特之处是重点在含咖啡因的食物，跟先前研究含咖啡因的饮料或药丸的其他研究不同。

他们发现，和饮料及药丸比起来，通过食物摄取咖啡因的效果也很好。不用笨手笨脚地从食物管中分别摄取食物及咖啡因，飞行员可以一次就食用两者。"根据这项调查的结果，含咖啡因的食物管是有效的工具，可以让驾驶员在长时间飞行或夜间情况下维持认知功能正常及警觉性。"研究员在报告中这样写道，"这项结果同样适用于其他需要穿着复杂的保护服装的人们，像是化学防护衣或太空装，让他们可以有更长的作业时间。"

海豹突击队的测试

除了在陆地上，里伯曼更研究了咖啡因对水中军事人员带来的影响。在其中一项实验中，他在极端严峻的情况下研究了一组精英士兵的表现。

美国海军三栖特战队（又称海豹突击队）长久以来被视为是美国的顶级士兵。在2011年进攻并击毙本·拉登后，他们的名声更是响彻云霄。海豹（SEALs）的名称中包含了"海、陆、空"三个字的缩写（Sea，Air and Land Teams）。招募成员时可不是来者不拒。你必须参加选拔，而最艰难的训练阶段称作"地狱周"。这项残酷的仪式在接近圣地亚哥的海滩上举行。

以下是里伯曼在2002年一篇文章中对地狱周的描述：

　　地狱周的挑战项目各式各样，像是海浪浸礼。受训的学生们拉着手，排成一列坐在海滩上，而海浪就这样直接打在他们脸上。这个过程持续10~20分钟，根据当时的水温而有所调整。船只俯卧撑是另一个常出现的训练项目。新兵们几个人一组，将充气船高举过头，直到手臂完全伸直为止。船内有救生背心、船桨以及大量的水。教练也经常要求新兵完成其他历史更久远的体能训练，像是俯卧撑跟仰卧起坐。精神上的压力包括要面对教官的言语教训，以及受训没通过的情况。在地狱周的训练过程里，新兵们只能在零碎的休息时间里睡上几个小时，而且身体又湿又冷……一般而言，超过一半的新兵无法完成地狱周，也因此无法继续海豹突击队的训练。

　　无法继续下去的人可以选择"即刻自行退出"（drop-on-request，DOR），只要走向一个闪亮的铜钟，摇响它，然后就可以退出，加入海豹突击队的梦想就此灰飞烟灭。这一周的折磨还有更可怕的一面：除了研究所需，这些热血的士兵们不可以使用咖啡因。

　　严苛的训练将这些壮汉逼向极限，他们睡眠不足且承受高压。里伯曼想到，可以在他们身上研究咖啡因的效果。有90位受训者自愿加入实验，其中只有68位完成训练（其他几位都在中途摇铃弃权）。受试者皆为男性，平均年龄24岁，在军中平均待了3年。在72小时几乎没有合眼的训练后，这些受试者们被分配到100毫克、200毫克、300毫克或装了安慰剂的胶囊。

　　受试者接下来完成了好几种测试，现场还有笔记本电脑以检测他们的认知功能。其中一项是要察觉模糊且出现频率低的视觉刺激。另一项是短期学习及动作技巧的试验，受试者需要记起12个按键的随机序列。研究者们记录下他们的情绪以及对睡意的感知。接着要在有故障的AK-47步枪上装上镭射枪，以测试他们的射击术。

最终的结果非常明确。在几乎所有测试项目中，咖啡因都可以显著地增加受试者的表现，唯一没受影响的，就是射击术。

里伯曼下了这样的结论："就算在恶劣的状况下，适当剂量的咖啡因也可以增进认知功能，包括警觉性、学习的记忆力以及情绪状态。在面对重大压力时，若需要维持认知表现，咖啡因的摄取也许可以提供显著的好处。200毫克的剂量在这样的情况下似乎是最合适的。"

适度使用咖啡因

接着我们回到里伯曼的办公室继续讨论咖啡因，就在纳蒂克研究中心的另一栋建筑物里。他告诉我，咖啡因的激发作用对一般平民也有效果。"在大部分情况下，咖啡因让你更能感知到出现频率不高却又非常重要的外在刺激。"里伯曼表示，这个作用有潜在的好处，能拯救站岗的士兵，也能保住长途开车的驾驶员的命。

"但如果要使用咖啡因，最好适度地使用。"里伯曼说道，"对于咖啡因到底是有益的物质，还是应该更小心它的负面效果，科学家有许多不同的意见。目前并没有真正绝对的科学共识。只要科学界仍有分歧，我觉得大众就应该知道这项物质带来的好处跟坏处，来帮助自己做决定。"

不过，到底要如何使用咖啡因，确实牵涉到许多复杂的考虑，因为咖啡及茶里的咖啡因剂量是浮动的，最难的就是如何定量摄取。里伯曼说："要这样去细算真是太困难了。我想每个人对自己摄取的咖啡因剂量应该都很敏感。如果摄取太多，副作用的感觉就会随之而来。"

弗兰克·里特（Frank Ritter）是宾州应用认知科学实验室（Applied Cognitive Science Lab）的研究员，他对于如何定量摄取咖啡因十分感兴趣，因此进行了一项由美国海军研究署（Office of Naval Research，ONR）支持的研究。他相信就连熟知咖啡因的人也不会知道他们实际摄取了多少咖啡因。在海军单位的研究工作中，他研发了一般民众及军人都可以使用的手机软件。

"咖啡因地带"（Caffeine Zone）这款手机软件让你可随时输入咖啡因的摄取量，例如一杯16盎司的咖啡，或一条保持警觉口香糖。输入后，这个软件就会显示一个图表，告诉你已经摄取了多少咖啡因。若想调整新陈代谢至最佳状态，你可以在软件中设下限制，这样手机就会在体内咖啡因量太多或太少的时候提醒你。截至2013年6月，已有将近8万人下载了这款软件。

许多其他科学家也思考过咖啡因在军事上的用途。美国航天总署埃姆斯研究中心（Ames Research Center）发表了一篇关于咖啡因效用的文章，内容提到，在为期4天的高峰行动中，航空母舰上的水手如何维持健康。作者建议，要保留对咖啡因的刺激感，直到最终的紧要关头：

> 船舰这个环境的特色就是要消耗大量咖啡因。对于有喝咖啡习惯的船员来说，为了增加摄取咖啡因后的效果，他们需要在高峰行动至少前两天（最好是一周以前）开始显著地减少（而非突然停

止）摄取咖啡因，并在行动开始之后的18~20小时内避免接触咖啡因。通常咖啡因的摄取量在行动开始的两天前，就可以降到原本的一半。

因此我们需要技巧性地使用咖啡因。在深夜到凌晨（1点到3点）时使用，并在早晨（8点）来临时调降剂量。咖啡因通常需要30分钟产生效果（血浆中的浓度会在30~60分钟到达巅峰），而它的刺激效果约略可维持3~4小时（半衰期约为3~7小时）。有些人不论是否有吃午餐，都需要在下午多服用些咖啡因，来抵消下午时段出现的警觉性下降。我们也不该在警觉性尚存或开始睡眠后几小时内服用咖啡因。不过在高峰行动时这些都不成问题，特别是成员的睡眠起始时间会被延迟30多个小时。

对为期4天的海军巡弋来说，咖啡因是一项相当特别的处方，和一般市民相比，运用在水手身上也许更合适。虽然这么说，但你也许会想，要是我某天突然需要从迈阿密连续开4天车到西雅图呢？

咖啡因与睡眠

船舰并不是唯一最常使用咖啡因的特别环境。在一般军事机构，军士也很频繁地摄取咖啡因，特别是饮用大量的能量饮料。军事研究员罗宾·托布林（Robin Toblin）及同事发现，2010年于阿富汗的"享受自由行动"（Operation Enduring Freedom）中，美国陆军及海军的战斗单位的士官兵，有45%的人每天至少饮用一罐能量饮料。其中14%喝到3罐以上。研究员发现，饮用能量饮料跟睡眠习惯有某种关联。

"跟每天喝两罐以下的人相比，每天喝3罐以上能量饮料的士兵，晚上睡眠时间更有可能少于4小时。"托布尔写道："每天喝3罐以上能量饮料的人睡眠中断几率更高，原因是产生压力与相关疾病，也比较可能在任务简报或值班站哨时进入梦乡。"

该研究并没有将影响睡眠的原因归咎于能量饮料，只是单单点出两者间的关联。作者也没有准确量化士兵从能量饮料或其他来源摄取到的咖啡因浓度。不过，作者还是在注释中提出警告："我们要教育士兵，能量饮料对健康造成的长期影响尚无定论。但是，摄取高剂量的能量饮料也许会影响任务中的表现及睡眠情况。若真的要使用，请酌量。"

斯科特·基尔戈尔（Scoot Killgore）专门研究军中的咖啡因使用及睡眠情况。我第一次遇到这位神经心理学家时，他正在办公室内，坐在三台大计算机屏幕前的座舱里。他的办公室正对着麻省贝蒙特梅格宁医院的绿地。他外表端正干练，直挺的坐姿及短发反映出他身为军人的背景。基尔戈尔早期的研究主要是青少年在情绪波动时的大脑活化反应。若不是2001年发生的恐怖攻击，他可能也不会想要研究咖啡因。

"我在'911'事件后入伍。"他这么告诉我，"我当时开始重新评估自己的人生，然后我想，'我需要做点奉献'。"当开始上线执勤时，基尔戈尔被分配到一间实验室，里面的研究员当时正在研究慢性的睡眠剥夺。他对睡眠循环很有兴趣，甚至还佩戴上特别的仪器，看起来就像是功能强大的腕表。它可以侦测你在晚上的活动。将仪器里的数据上传计算机，一份报表就会显示出来，告诉你晚上休息的情况。

基尔戈尔服役了5年，试图帮助承受战争压力的士兵们，而咖啡因是很好的工具。他表示，士兵们要面临各种相互矛盾的心理威胁，一方面可能会遇到自杀式突袭，另一方面要承受无聊及精疲力竭的虚脱感。

"在军中，你会发现自己需要频繁更换时区，或需要整夜不阖眼地站岗，你可能无法得到所需要的足够睡眠。"他说道，"在这些情况下，一个人会需要摄取某些含咖啡因的补给品，像是含咖啡因的口香糖。这些补给品可以帮助你提振精神并保持警觉。很多时候，站岗非常无聊，但任何危急状况都可能攸关生死，这也是为什么你需要在这些时候保持清醒的原因。"

感到无聊及面临危险的紧绷心情跟其他状况其实很类似。就像是消防员在消防站的电视机前发呆，突然间需要对凌晨4点的火警做出反应，或者警察在再平常不过的夜班执勤时睡意袭来，却不得不无预警地应付武装暴力嫌犯，或者急诊室医师从瞌睡中爬起来治疗新入院的意外伤员。举个不那么戏剧化却依旧攸关生死的例子，一位长途跋涉的卡车司机在连续3天的车程后，于清晨2点驱车驶入洛杉矶街道。此外，咖啡因还有其他不怎么显著的优点。

在一项研究中，基尔戈尔和在瓦特·瑞德军事研究所的同事检视了25位在勤的军事单位受试者。研究员以双盲方式提供受试者含咖啡因的口香糖或安慰剂，并要求他们3天内都不能睡觉。服用咖啡因的受试组每两小时就会被提供200毫克咖啡因，前后共给予4次。

为了研究此药物对高风险行为的影响，基尔戈尔使用气球仿真式风险作业（Balloon Analogue Risk Task，BART）。受试者在笔记本电脑上模拟帮气球灌气。要是能把气球灌饱却又不会炸裂，受试者就可得到现金奖励。要是气球破了，就没有钱可拿。

基尔戈尔在记录中写道："总的来说，在3天没有睡觉后，服用了咖啡因的受试者灌破的气球更少，也赚到了更多的钱。这意味着行为功能逐渐失常时，咖啡因有助于做出高风险的决断，而在长期睡眠被剥夺的情况下，咖啡因可减少冲动行为的发生。"

我们难以想象这些研究发现要如何直接运用在日常生活中，除非你是投注金额很大的赌徒，连续3天都在牌桌上拼输赢。不过该研究也显示了咖啡因效果的广泛程度。基尔戈尔推测，研究结果来自咖啡因刺激大脑额前叶皮质的作用，该区域对管控功能（executive function）是非常重要的，比如解决困难的问题。

基尔戈尔表示，善用咖啡因的诀窍在于节制。"我认为明智且审慎地使用咖啡因是不二法门，而不是不经思索地在一天当中随便挑个时间就喝咖啡，重点也不在于一天当中到底摄取多少咖啡因。过量服用咖啡因会造成很多睡眠问题，还会让你焦躁不安，并带来许多不好的副作用。"

基尔戈尔表示，咖啡因的研究疆域尚待拓展。"我们还不知道咖啡因对大脑传递讯息有什么效用。像是在创伤事件当中，咖啡因会扮演什么角色？大脑的激活对于先前暴露过的创伤事件会带来什么影响？是否会改变你的大脑如何去解读这个讯息的方式？这是否会改变你对于事件的反应，使你有产生创伤症候群的倾向？关于这个我们仍一无所知，相关的研究还在进行中。我认为这些问题从目前的研究来看是合理的，且应该试着去理解当大脑做出焦虑反应时，咖啡因所带来的效果。"

几十年来，咖啡因对睡眠及焦虑的影响一直是研究者想解开的谜团，相关的研究已经开始把这白色粉末摊在阳光下。

第十一章　失眠、焦虑与恐慌

睡眠问题

艾米·沃尔夫森（Amy Wolfson）非常了解睡眠。永远精力充沛，顶着一头又短又卷的棕色头发的她，是圣十字学院（College of the Holy Cross）的心理学教授，同时也是国家睡眠基金会（National Sleep Foundation）的成员，以及《女性睡眠宝典》（*The Woman's Book of Sleep*）的作者。她花了许多时间研究睡眠。她的办公室位于山丘上绿意盎然的校园，可俯瞰马萨诸塞州伍斯特。我在那儿第一次与她会面。她告诉我睡眠被美国的文化所低估。"我们花费一生中至少1/3的时间来睡觉。"她说，"但事实上我们经常睡不够。我对于大大小小的睡眠问题非常有兴趣。"

睡眠中断是使用咖啡因常见的副作用，但这个影响的变异性很大。

有些人可以到上床前一刻都还在喝咖啡，却可以睡得跟婴儿一样熟。有些人则需要在中午就停止喝咖啡，不然他们晚上就会躺在床上，牙关紧闭，胸口感受心脏的强劲跳动，并且思绪活跃。这让我们重新思考使用咖啡因的两难：它是用来治疗嗜睡的神药，却同时也会干扰睡眠，因而需要更长时间的睡眠。

"就我看来，睡眠研究者应该感到惭愧。我们不时针对咖啡因提出一些让人困惑的讯息。"沃尔夫森告诉我，"我们有时建议民众，咖啡因是对抗睡眠的最佳对策。把它推荐给军人、推荐给飞行员、推荐给火车驾驶员，推荐给很多人……我有些同事投入了一生，希望能找到除了休息之外的对抗睡眠的最佳方法。"

"与此同时，却另外有研究失眠几十年的研究员表示'噢！咖啡因不是什么好东西。在你准备上床前的3~5小时，最好确保你没有摄入咖啡因'。而那些苦于失眠的人们会去上认知行为治疗的课程，学习如何远离咖啡因。从这里可以看出，我们对咖啡因又爱又恨。至少在睡眠研究的领域看起来是这样。"

沃尔夫森告诉我，她对于青少年的咖啡因使用以及青年嗜睡族群和咖啡因间的关系特别有兴趣，而学者们也正开始细究这个领域。马里兰的研究员在2006年发现，有睡眠问题及早晨觉得疲累的青少年跟使用咖啡因有某种关联。在调查高中生使用咖啡因的情况时，沃尔夫森和一名同事也发现了这样的趋势。使用高剂量咖啡因的学生族群——从咖啡、能量饮料及苏打饮料中摄取咖啡因——更常在白天感到嗜睡。他们表示，希望能通过咖啡因获得更多体力，帮助他们熬过一整天。

针对年轻的咖啡因摄取族群，内布拉斯加的研究团队调查了228位父母亲，发现他们的5~7岁的小孩一天大约会摄取52毫克咖啡因，而8~12

岁的小孩每天会摄取到109毫克。这些孩子当中，摄取越多咖啡因的人睡眠时间就越少。

沃尔夫森相信新世代能量饮料的出现跟嗜睡青年族群是有关系的，而年轻人摄取过量的咖啡因也是这个大问题的其中一角。

"我不认为在上班路上驻足于星巴克或邓肯甜甜圈店的人们，或是每天早上自己在家煮皮特咖啡的人一定会有失眠的问题。"沃尔夫森表示，"但某群人的睡眠时间可能因此减少，当中青少年的比例很可能高于成人，因为他们更可能被这些产品所吸引。"

咖啡因确实有干扰睡眠的作用，科学家有时会运用这个特性来诱使健康的受试者失眠。而且不需使用大剂量就可以影响睡眠。瑞士科学家汉斯彼得·蓝多特（HansPeter Landolt）使用脑电图来测量健康受试者的脑波活动，而这些受试者在早上已经服用了200毫克咖啡因（少于3份SCAD）。到了晚上睡觉的时间，早晨摄取的咖啡因都还在影响这些受试者。影响是轻微的，没有严重到会造成睡眠中断，但后续效果仍在。睡眠时对咖啡因的反应也取决于压力。在没有失眠症的人当中，咖啡因比较会影响那些容易因压力而被干扰睡眠的人。

加州的研究团队发现，咖啡因影响睡眠的过程中还有一个变项：作息形态。这个词指的是每个人一天中偏好的活动时间。有些人习惯在白天活动，被称作云雀，而某些人则是夜行性动物，被戏称作猫头鹰。在一项咖啡因研究中，55位大学生依照自己的意志摄取咖啡因。受试者手腕戴上动作监测仪及睡眠记录器，科学家们发现，习惯白天活动的人最容易受到咖啡因影响而中断睡眠。他们也注意到这个研究结果有局限——这些人都是大学生，大多睡眠不足，也没有几个是晨型人。他们在2012年发表论文，率先探讨作息形态和咖啡因影响睡眠质量之间的关系，也就是说，这个领域还有很多值得研究的空间。

虽然我们几乎所有人都清楚咖啡因会影响睡眠，有时还是会反其道而行。2008年的一篇研究回顾谈到咖啡因和白天嗜睡的关系时，就提到了这一点。文章的作者蒂莫西·罗尔斯（Timothy Roehrs）跟托马斯·罗斯（Thomas Roth）表示，咖啡因并不会像其他兴奋剂一样影响快速眼动睡眠期，不过却会减少第三和第四阶段的睡眠，而后者占了我们总睡眠时数的20%，也包含了睡眠当中最能休息并恢复健康的时段。"一般民众和医师大大地低估了规律使用咖啡因对睡眠与警觉性带来的负面影响。"两位作者这样下结论。让我们再次回到使用咖啡因的两难：该不该使用咖啡因来对抗白天的疲劳？或是尽量避免，看看精神是否有所改善？

诱发焦虑

无法入睡确实恼人，但通常不会到让人衰弱的程度。不过，对于那些对咖啡因特别敏感的人，咖啡因对他们的大脑会带来更显著的影响，甚至会诱发焦虑。焦虑本身是常出现的症状。在任何一个年度，美国都有4000万名成人被临床上显著的焦虑症困扰，可以说它是美国最盛行的精神科疾患。

密歇根大学的约翰·格雷登（John Greden）著作等身，写了非常多文章讨论咖啡因及焦虑之间的关系。他注意到，虽然某些人对咖啡因特别敏感，但摄取太大量的咖啡因会使几乎所有人都感到紧张焦虑。他在1974年的一篇论文《焦虑或咖啡因中毒：诊断上的两难》（*Anxiety or Caffeinism: A Diagnostic Dilemma*）里写道："尽管做了这么多努力，我们还是忽略了一件事实，那就是高剂量咖啡因——也可称为咖啡因中毒——产生的药理学作用，会让症状跟焦虑精神官能症完全无法区分。"

格雷登特别提出他在瓦特·瑞德军事研究所工作时所遇到的三个病例。第一位是位27岁的护理师，抱怨头晕、肢体颤抖、喘不过气、头痛及心跳不规律。她一开始被诊断为焦虑反应，而此焦虑跟她先生可能被分配到越南有关。护理师对这一诊断抱持存疑的态度，检查过日常饮食后，她觉得问题出在咖啡上。

护理师回忆说，她的症状在买了一台美式咖啡机之后开始出现。"这种咖啡尝起来……实在太好喝了。"她开始平均每天喝上10～12杯浓烈的黑咖啡，总计超过1000毫克咖啡因。这个案例的治疗方式很简单，在她停止喝咖啡后，几乎所有的症状都消失了。接下来的一周她感到容易疲累，不过之后就好多了。她表示："这几年来第一次能在早上真正地醒来。"

下一个受试者是"有抱负的37岁陆军中校"，他所表现出的症状是慢性焦虑。他还抱怨有失眠及稀便的问题。他每天喝下8～14杯咖啡，另外加上3～4瓶可乐，睡前还会再泡杯热可可。但他并不愿意接受咖啡因摄取过量的诊断，而且，当医生告诉他咖啡因可能是造成症状的原因时，中校竟然"持怀疑态度出言嘲讽"。当这位军官终于将咖啡因的摄取量降低后，症状就有了显著的改善。

最后一位受试者是位34岁的陆军中士，他最自豪的就是"每天早晨第一个出现在办公室，也是晚上最后一个离开的人"，主诉是反复的头痛。检查结果显示，中士的焦虑程度明显不断增高。格雷登写道："被问到咖啡因的使用习惯时，他的回答就好像咖啡因的摄取量能反映出男子气概，'我一天可以很容易就喝掉1~15杯咖啡，比办公室里任何人喝的咖啡都还要多'。"格雷登将这位中士每天喝的咖啡、茶、可乐还有头痛药加起来，发现他一天可以摄取差不多1500毫克咖啡因。这剂量非常大，等同于20份SCAD。如同其他受试者一样，当该患者减少咖啡因摄取量之后，症状就几乎完全消失了。

很明显的，这些都是比较极端的例子。大部分美国人一天会喝上3~4杯咖啡。不过这也显示出一个重点。格雷登在文章中提到："从先前的临床经验我们发现，许多抱怨焦虑的个案会继续从精神科药物中获得实质上的好处。至于那些人数未明的个案，去除咖啡因可能比加上另一种新药有帮助。"因此，对惯用咖啡因的病患来说，第一种治疗焦虑的方式是去除咖啡因，然后看看患者的反应如何，而不是立即开出抗焦虑药物。

格雷登稍后研究了焦虑会如何影响咖啡因的摄取。在一篇1985年的文章中，他提到咖啡因可能会造成一般成人或精神科住院患者的焦虑。不过，咖啡因并不是许多焦虑症患者的诱发因子，因为"高度焦虑似乎会吓阻紧张的个案摄取高剂量咖啡因"。

高剂量的咖啡因让大多数人感到焦虑，受困于焦虑症状的患者也明白这个问题，所以会避免接触咖啡因。像预言一样，格雷登在文章里写下这些话："我们应该将咖啡因当做药理学的探针，以此更进一步地研究导致恐慌及其他焦虑疾患的生理机制。"

这篇文章也提到，规律使用咖啡因也会让我们习惯于它所产生的焦虑情况。在一个超过400人的研究中，受试者摄取250毫克咖啡因（分成两剂，90分钟服用一次）或安慰剂，研究员观察他们服用前后在警觉性、焦虑以及头痛程度的不同。彼得·罗杰斯（Peter Rogers）发现，就算是基因上易受咖啡因诱发焦虑的受试者，也会产生习惯焦虑的耐受性。他们平常每天摄取的咖啡因量平均只有128毫克，少于两份SCAD，耐受性也会产生。

代谢咖啡因

咖啡因的效果各式各样，从增进运动机能和认知功能到入睡困难及焦虑，全根据我们多快消化这项药物。人体内咖啡因的半衰期约为4~5小时，也就是咖啡因浓度降到50%所需的时间。不过时间长度因人而异，变动很大。对于服用避孕药的妇女来说，咖啡因半衰期是一般人的两倍，一样的剂量可以让她们得到两倍提神醒脑的效果。（怀孕的妇女，特别是在预产期前的4周，咖啡因的效果特别明显。然而，许多妇女在怀孕阶段会放弃接触咖啡因，也因此较少感受到咖啡因不同的效果。）抽烟的人则会以两倍速代谢掉咖啡因，跟不抽烟的人相比，咖啡因的刺激效果只有一半。半衰期的变动幅度也跟体重有关。

为了更了解这些变项，让我们想象有一对情侣。男生抽烟，体重180磅（约合81.6公斤）；女生在服用避孕药物，体重135磅（约合61.2公斤）。若两人坐下来喝杯咖啡，女生得到的咖啡因效果会是男生的5倍，而男生需要喝上5杯才能和她打成平手。这就是我所谓的"广告狂人对上欲望城市"效应。

我举《广告狂人》做例子，是因为剧中人物抽烟之频繁，就好像一根根烟囱。不过美国人抽烟的比例自此之后就开始下滑，从40%一路跌到20%。不抽烟的人只需要一半的咖啡因剂量就可以达到同样的兴奋效果。《欲望城市》则是因为美国有17%的女性服用避孕药，只需要一半的咖啡因就可达振奋精神的效果。这两个趋势——抽烟人口的减少以及越来越多服用避孕药的女性——带来的影响，使每一毫克咖啡因都能发挥它们最大的效果。

咖啡摄取量下滑伴随着抽烟人口的减少以及服用避孕药人口的增加。虽然这些生活模式的改变并不是咖啡饮用量减少的主要原因（目前缺乏决定性的证据），但想想它在其中所扮演的角色，也是挺有趣的。

作用在吸烟者及避孕药服用者身上的机制，是一种叫做细胞色素P450 1A2的蛋白质，也称作CYP1A2。就是这个酶素能把咖啡因分解成其他代谢的产物，这也解释了我们在代谢咖啡因过程中的一些变异性（它的表亲CYP2E1在代谢过程中也发挥了作用）。这些酶素本身会反转化学公司制造咖啡因时的最后一道步骤。借由去甲基化，这些酶素生成后续的代谢产物，绝大多数是副黄嘌呤（paraxanthine，具有跟咖啡因相似的效用）、可可碱跟茶碱。

怀孕、口服避孕药以及和肝脏相关的疾病会抑制这种酶素，而抽烟则会增加该酶素的作用。有趣的是，你每餐吃的蔬菜也扮演重要的角色，花椰菜这类十字花科的蔬菜可以增进该酶素的活性，而芹菜这类伞形科的蔬菜则会减少活性。（若要讨论得更细更复杂，同样是吃十字花科蔬菜，女性身上酶素的活性反应会比男性明显。）

代谢咖啡因的变项很多，包括体型、后天的耐受性、抽烟的习惯、是否有服用口服避孕药以及吃下了多少花椰菜。除此之外，科学家正持续研究基因如何影响咖啡因代谢。

芝加哥大学的艾米·杨（Amy Yang）在2010年的一篇文献回顾里，以双胞胎为例，更清楚地指出了基因对代谢咖啡因的影响。她整理研究后发现，拥有某些基因的人特别容易偏好咖啡因，而那些重度使用咖啡因的人，也是强烈地受到自身基因影响。（其中一篇论文提到，重度使用者一天喝超过5杯咖啡。另一篇文章则以一天超过625毫克咖啡因为标准。）杨也注意到，基因可解释两个为人所知的咖啡因副作用。"研究者在实验室做人体测试。他们发现，某些个体比较容易产生特定的反应，像是焦虑症。而特定腺苷受器的等位基因解释了为什么某些人会失眠的原因。"

从基因层面来了解睡眠中断的过程，可以帮助我们搞懂自查塔努加可口可乐大审判以来就等待解开的谜题。兰多特在《睡眠》（*Sleep*）期刊上的文章中提到，哈里·霍林沃思已经观察到某些个案在摄取小剂量咖啡因后，睡眠完全没有受到影响。兰多特表示，我们现在可一窥这样变异表现的机制。"在霍林沃思之后的一个世纪，药理基因学上的研究不仅清楚地从分子层面解释了个体对咖啡因的敏感性，更指出A2A受器就是调节哺乳类动物睡眠的生物途径之一。"

4种腺苷受器当中，有两个扮演了重要的角色。A1受器是人类大脑中分布最广泛的腺苷受器，在皮质区又特别充足（皮质的神经元对高等认知功能是很重要的）。而兰多特提到的A2A受器比较集中在大脑较深层的部位，像是负责移动、学习动作、动机以及回馈机制的基底神经节。

某些人遗传到某些基因特征，而这会影响他们如何代谢咖啡因。特定单一的基因变异型称为单核苷酸多型性。这个专有名词真是太冗长了，科学家们干脆直接称它作SNP。一段叫作ADORA2A的基因负责调控

A2A受器。该基因段发生变异的人会比较容易受到咖啡因的影响。杨女士在文章中写道，SNP的其中一种对和咖啡因相关的精神科疾患有着举足轻重的重要性："研究发现，同样的SNP跟咖啡因诱发的焦虑症以及恐慌症都有关联。这个发现支持先前的观察：恐慌症患者特别容易受咖啡因影响而焦虑，且A2A受器的多型性对这两种症状都有影响。"

咖啡因与恐慌症

关于上述恐慌症，杨所引用的研究观察来自巴西医师安东尼奥·纳迪（Antonio Nardi）和他的同事。纳迪当时正努力地想通过咖啡因来厘清恐慌症如何发作，就如同格雷登所建议的，将咖啡因当做药理学的探针。

恐慌症的患者会不断被突发的恐慌发作袭击，会觉得自己快要失去控制，并且有什么可怕的事情就要发生。发作通常是短暂的，却足以让人精神衰弱。发作中的患者常会害怕自己就要心脏病发，甚至觉得自己快要死去。恐慌症发作在全世界都很常见，每1000人里就有15人曾有这样的经验，且女性发作的几率是男性的两倍。

纳迪在一篇发表于2007年的研究中观察3组显著不同的受试者。控制组里的成员是没有恐慌疾患病史的健康人；第二组包含有恐慌症病史的人；最后一组则是直系亲属，比如父母、兄弟姐妹或子女有恐慌症患者的人，而这些人先前没有恐慌症发作的记录。

纳迪给所有受试者饮用巴西速溶咖啡泡出的咖啡跟去咖啡因咖啡。含咖啡因的咖啡中，咖啡因浓度很高，每15盎司中含480毫克咖啡因（有可能掺杂了富含咖啡因的罗布斯塔咖啡豆）。这样的浓度等同于6罐红牛饮料，差不多等于40盎司强度中等的咖啡，或24盎司星巴克咖啡，也就是超过6份SCAD。

服用去咖啡因咖啡的受试者，没有人出现恐慌症发作或焦虑感增加。不过，恐慌症患者中有52%在饮用含咖啡因饮料之后出现一次症状发作，而控制组里的人则安然无恙。

此研究有个意料之外的发现：直系亲属有恐慌症患者的受试者中，41%也会遭受恐慌症发作。这些发作的受试者完全没有相关病史，仅仅一剂高浓度的咖啡因就诱发了症状。

纳迪在另一个研究中微调了实验条件。这次，他在4组受试者身上同样试验480毫克咖啡因。除了原本就有的控制组及恐慌症患者组之外，两种常见的焦虑症也被纳入研究中。其中一组受试者有广泛型社交焦虑症（Generalized Social Anxiety Disorder，GSAD），患者的特征是会惧怕几乎所有的社交场合。另一组受试者则有表演型社交焦虑症（Performance Social Anxiety Disorder，PSAD），患者通常会害怕在公众场合讲话、吃东西或写字。

这次的结果跟第一个研究的结论类似。没有人在饮用去咖啡因的咖啡之后经历恐慌症发作，控制组中也没有人发作，不过恐慌症患者中有61%在喝完含高浓度咖啡因的咖啡之后开始出现症状。

而新的发现来自那两个恐慌症的次群组。跟广泛型社交焦虑症的患者相比，表演型社交焦虑症患者在摄取完咖啡因之后，比较容易出现恐慌症发作。后者中有53%的人会被咖啡因诱发出恐慌，而前者只有16%的人有这个现象。

纳迪在文章中表示，表演型社交焦虑症在生物学上跟广泛型社交焦虑症是不同的，前者的生物机制跟恐慌症较接近。有趣的是，通过咖啡因我们才清楚地看到这种区别。

纳迪并不是第一位在恐慌症患者身上测试咖啡因的人。在其他的研究中，受咖啡因影响的大脑隐藏的灰暗角落，已被学者举烛照亮。

产生幻觉

1993年，有3位纽约的医师投书《美国精神科期刊》（*The American Journal of Psychiatry*），内容提到："我们在研究中观察咖啡因的注射效果，受试者是熟睡中的恐慌症患者、广泛型焦虑症患者以及健康的对照群组。我们观察到7位患者中有两位在注射咖啡因之后，立即出现嗅幻觉。"

没错，这听起来诡异透顶。首先，当研究人员注射250毫克咖啡因（4份SCAD，约略等同于4罐红牛饮料或一杯12盎司的星巴克咖啡）时，这些受试者睡得正香甜。

一位没有精神科病史的受试者在接受注射后14分钟清醒。这并不让人奇怪，接下来他感到的肢体颤抖、呼吸急促及心悸也是意料中的事，毕竟他被静脉注射了咖啡因。奇怪的是他描述自己闻到"有趣的气味或味觉……比较像是有趣的气味"。

这就是所谓的嗅幻觉——感知到不存在的气味。他并不是唯一的个案。另一位有广泛型焦虑症的受试者在接受注射后3分钟醒来，表示自己闻到"像是塑料或烧焦咖啡的气味"。

令人感到好奇的是，另一位确实有恐慌症病史的受试者所经历的幻觉包括"舞动的视觉图像以及难以描述的声音"。

这3位受试者显然只因为250毫克咖啡因就被干扰到了睡眠。另一位受试者在睡得正熟时被注射了500毫克咖啡因（或许会感到不大舒服，不过并没有诱发幻觉产生）。几位医师做了下述结论："我们的观察证实了腺苷系统更深入的研究，可以让我们了解幻觉是如何形成。"

希腊的研究团队在2007年报告了一个更奇特的案例。他们研究了一位31岁合并有恐慌症的男子，并大量地给予他400毫克咖啡因。咖啡因会促使恐慌发作："其特征是严重的焦虑、极度的惧怕感、心跳加速、流汗、胸痛、四肢颤抖、头晕、害怕自己要晕倒或死亡，甚至有想要逃离实验情境的冲动。"这些都是教科书里对恐慌症发作的描述，在服用400毫克咖啡因后会出现这些症状并不让人讶异。意料之外的发现是，在恐慌症发作前出现的怪异知觉："他表示自己感受到一种特别的听幻觉，是他思考内容的最后一个字，以回音的形式，鲜明且重复地出现。"根据该患者的描述，这些幻觉在他处于轻度到中度焦虑的状态时突然出现，而且他十分确定此症状在恐慌症发作前1~2分钟出现。当他处于恐慌的状态下时，幻听的情况又特别明显。该患者坚信自己当时"就要发疯了"，不过他并没有针对幻觉做进一步脱离现实的阐述。幻觉持续了大约15分钟，接踵而来的恐慌症发作也在一个小时内逐渐缓解。

澳大利亚的研究团队更仔细地探究了幻听及咖啡因之间的关联性。这项实验的受试者都没有精神疾患，都有服用咖啡因，本身也承受了不同的压力。不过，研究人员想出的实验方法，呃，真的会让人紧绷……

如果你很讨厌圣诞歌曲。

受试者分成4个群组：低剂量咖啡因与低压力、低咖啡因与高压力、高剂量咖啡因与低压力、高咖啡因与高压力。压力程度取决于受试者填写的标准化压力感知问卷，而高剂量咖啡因的定义阈值以一天超过200毫克咖啡因为基准（几乎为3份SCAD）。

受试者先听平·克劳斯贝唱《白色圣诞节》。接着研究者告诉他们，这首歌的整首或一部分藏在一段白噪音中。这些受试者从耳机听这段白噪音，而研究者们要统计他们到底听到几次《白色圣诞节》。陷阱在于，研究者其实从头到尾都没有在白噪音里播放《白色圣诞节》。高压力与高剂量咖啡因的群组最常出现"假警报"，就算已经停止播放声音，他们仍觉得听到了那首歌。

在2011年的论文里，作者写道："此结果显示，在非临床受试者身上，高剂量咖啡因跟高压的生活事件会相互作用，产生更多'幻觉'。这提醒我们，在使用这项表面'安全'的药物时，更应该提高警觉心。"

咖啡因诱发的幻觉实属罕见，但学者们还是希望，相关研究可以帮助我们了解正常范围内低剂量的咖啡因对大多数美国人会造成什么影响。

极端精神状态

除了恐慌跟幻觉以外，咖啡因很少跟极端的精神状态有关。杨百翰大学的道森·赫奇斯（Dawson Hedges）医师阐述了一个案例。在一篇刊登在《中枢神经频谱期刊》（*CNS Spectrums*）的文章里，他写道："一位47岁事业有成的男性农夫先前没有任何精神科住院病史，近7年来出现抑郁症状，每晚的睡眠时数缩减到只有4小时，且体力下降，无法集中注意力，食欲不振，容易没来由地生气，无法感受快乐，且感到无望。"

这位农夫喝咖啡，且喝的量不少。在他7年前开始看诊前，每天的咖啡摄取量已经从每天12杯增加到36杯。赫奇斯医师第一次看诊时，患者每天喝下一加仑咖啡。"在他增加咖啡摄取量之前没有出现任何精神症状，但在增加摄取量后，开始出现了偏执妄想。"赫奇斯写道。患者还觉得有人预谋将他拉走，进而好占据他的农场。

这名农夫当时也在服用多种抗焦虑药物：帕罗西汀、三氮二氮平、可那氮平及丙醇。他的卫生习惯很不好。不过在减少咖啡摄取量之后，他变成了完全不同的另一个人。"值得注意的是，该患者的精神症状在减少咖啡因摄取后立刻消失无踪，而且没有出现思觉失调症或其他精神症的病征。患者因此不用再承受抗精神病药物可能会产生的副作用。"赫奇斯医生还建议，医疗专业人员在处理慢性精神症的患者时，要将咖啡因中毒列入鉴别诊断里。

在最极端的个案里，有人将暴力的冲动行为归咎于咖啡因。在肯塔基，伍迪·威尔·史密斯于2009年用延长线勒死了自己的太太。史密斯坚信妻子有外遇，并开始服用咖啡因来保持清醒，因为怕妻子会带着小孩偷偷溜走。他将失控铸下的大错归因于咖啡因中毒以及睡眠被剥夺。不过法官并不采信这样的说法。

咖啡因中毒的辩护理由在丹·诺布尔身上比较有效。这位爱达荷州的男子于2009年的一个12月早晨走进一家星巴克，买了两杯平常就会点的16盎司咖啡（附带一提，他当时没带钱包，且身上只套了件睡衣跟拖鞋）。接着，他驾驶着一辆金色的庞帝克火鸟到邻近的华盛顿州普尔曼。一路上他的车开得歪歪扭扭，先是撞倒人行道上的路人，在下个街区又撞到另一位。两位路人都因为撞击而腿部骨折。当警察到达现场时，他们需要使用电击枪才能让诺布尔乖乖就范。

诺布尔被起诉多项罪名，包括驾车袭击，不过他最终被无罪释放，原因是咖啡因诱发的狂乱状态。诺布尔的律师表示，他有"极罕见的双极性疾患，会被咖啡因所诱发"。而判决所附加的履行条件是：不可再碰咖啡。

另外的案例还有华盛顿州的肯尼恩·金沙，他在2011年10月的一场排球比赛中偷摸了一位妇人及三位年轻女孩。他将自己的行为归因于咖啡因诱发的精神症状，但这个说辞无法帮他脱罪。他最后被判处5个月的监禁徒刑。

这些案例中有些听起来诡异，而真正跟咖啡因有关的急性精神科问题并不常见。不过最后要提醒大家的是，咖啡因确实可以让你的思绪一团乱。

第十二章　治疗剂量

医疗用途

　　1895年的10月10日，亨利·弗雷斯特·坎贝尔医师接到他家乡佐治亚州奥古斯塔市的一家旅馆来电。当他到达现场时，他看到24岁的"F. H. T. 先生"正躺在门房办公室内的沙发上，他的头倚在朋友的大腿上。该患者摄取了过量的鸦片酊（20世纪以前常被当做麻醉药剂使用），正处于一个"近乎短暂低潮"的状态。

　　F.H.T. 先生毫无反应。坎贝尔医师在他头上淋了冰水，用力按压他的肚子，试图让他维持呼吸。但该患者的生命体征逐步下降。他的肌肉是如此放松，以至于脖子扭转成一个奇怪的姿势，而舌头就挂在嘴巴外。

　　最后，坎贝尔医师想到要使用兴奋剂。以下是他如何描述当下的状况：

> 当时出现在我们脑中的就是浓烈的咖啡，但我们手边可以拿到的注射液只有旅馆晚餐剩下的稀咖啡。该患者当时完全不可能吞咽下任何东西，我们也不认为在他当时的情况下，放置胃管会是可行的方法，风险太高。因此，我们要了注射器，但咖啡是如此稀薄，我们还迟疑着到底要不要使用它。幸运的是，我们想到了咖啡因，接着立刻进行准备……我们将小剂量的咖啡因涂抹在患者的舌头以及口腔内侧的每个地方，接着将该患者以俯卧的姿势，从肛门用注射器注射了溶有大量咖啡因（之后被证实为20格令）的咖啡。

20格令咖啡因是很重的剂量，大约等于1300毫克咖啡因或17份SCAD。坎贝尔医师表示，该患者在一个小时内就开始出现反应："他的肌肉以最活跃的方式运动。他从照顾者的看护下挣脱开，将他们从床边推开。接着跳下床，以活力最旺盛且肢体协调的方式做出各式各样的动作。"坎贝尔十分确认就是这种药品让患者恢复，多亏了咖啡因作用在肌肉系统的作用。虽然当时的民众无法像今天一样从网络上购买咖啡因，但咖啡因粉末早在1860年的佐治亚州奥古斯塔市就可以买得到。医师们也都很清楚它所带来的兴奋效果。

除了让使用者维持清醒和跑得更快之外，坎贝尔的案例是早期咖啡因作为医疗用途的一个例子。幸运的是，从肛门灌注咖啡因就和无力的鸦片酊受害者瘫倒在佐治亚州东北的一家饭店里一样罕见。虽然如今我们不会因为鸦片过量就开出咖啡因，但咖啡因在治疗上仍有一席之地，有些运用众所皆知，有些则会让人跌破眼镜。

　　小儿科医师常使用咖啡因来治疗早产婴儿的呼吸中止症（或称呼吸中断）。有个研究发现，经咖啡因治疗过的早产儿比较少出现肺支气管发育异常（Bronchopulmonary Dysplasia，BPD）。这是一种很严重的肺部疾病，是常见的早产儿并发症。（茶碱是一种跟去甲基化咖啡因极为相近的化学物质，也可用来治疗呼吸中止，不过效果就没有那么好。）

　　咖啡因在医疗上最常见且最为人所知的运用，就是用来舒缓头痛。此药物治疗头痛效果会很复杂，特别是在某些人身上，咖啡因又会诱发头痛产生。不过至少它某部分的改善效果来自于血管收缩的作用——它会使大脑内的血管收缩，因此可以减少头痛时搏动的感觉。

　　当然，头痛也是咖啡因戒断常见的症状之一。医师们注意到，术后住院的病患经常受头痛所苦，是强制规范饮食导致咖啡因戒断所造成的。好消息是，在摄取含咖啡因的饮料后，头痛就会很快地缓解。

　　偏头痛的患者可以透过Fioricet这类处方药来获得症状缓解，这类药里含有咖啡因、乙酰胺酚以及一种巴比妥。咖啡因在治疗偏头痛上是如此有效，它甚至被加在名为加非葛（Cafergot）的处方栓剂里，适用于恶心感太强而几乎无法吞下药丸的病患。（有些犹太教正统派的信徒也会使用非处方的咖啡因栓剂，来减缓赎罪日禁食产生的咖啡因戒断症状。）不过一个大型研究发现，就算是合并了咖啡因、阿司匹林跟乙酰胺酚的非处方药方，对治疗偏头痛及伴随症状也很有效。

　　咖啡因比较常用在广受欢迎的非处方止痛药里，像是埃克塞德林（Excedrin）及烟酸（Anacin）中。烟酸的基本配方是它的主打宣传："阿司匹林加咖啡因，快速舒缓疼痛。"每粒胶囊里包含32毫克咖啡因，成人建议剂量一次两颗（接近一份SCAD）。埃克塞德林的加强胶囊包含阿司匹林、乙酰氨酚及咖啡因（130毫克，近乎两份SCAD，也是成人的建议剂量）。

这些药丸常被当做神奇的宿醉良方。烟酸配上这句经典广告词后大卖特卖："美好的夜晚，难熬的早晨，更好的一天。"年轻的宿醉者可选择像是怪兽恢复饮料（Monster Rehab）和摇滚巨星恢复饮料（Rockstar Recovery）等，在早晨之后摄取一些咖啡因。而宿醉乔（Hangover Joe's）能量饮料用的是基本的能量饮料配方，适合那些饮酒过量的人使用。虽然里面含有许多其他成分（野葛、烟酸，等等），但主要的成分还是咖啡因，共3份SCAD。

其他广受欢迎的非处方药，像是Dexatrim，可以帮助节食者瘦身。每月当红的名人常会出来推销这些减肥药：金·卡戴珊（Kim Kardashian）推荐速塑（QuickTrim），史努基（Snooki）强力推销Zantrex3。问题是，咖啡因并没有办法帮助你减肥。

实在是有点难想象咖啡因会成为减肥药里的主要成分，可能因为咖啡因是一种兴奋药剂，而人们总是倾向于将兴奋剂和抑制食欲联系起来。特里·格林汉姆（Terry Graham）是圭尔夫大学的生理学家，他表示这可能是因为坊间流传着咖啡因有助于燃烧脂肪的说法。

"这个误解传得到处都是。"他如此说道。咖啡因甚至蔓延到其他产品里，像是裤袜，业者做了不实宣传，说它可以让腿瘦下来。格林汉姆笑着对我说："说得好像很容易。你最好在自己瘦到变成幽灵前赶快摆脱这些产品。我猜那是使用这些产品唯一的风险。"

咖啡因除了在医疗领域的运用外，科学研究也不断揭露它是如何影响我们的身体及心智的。不变的是，每次一有咖啡因相关的新发现，就会跃登报纸上科学及健康新知的版面。随着最新研究的发现，咖啡因的爱好者就会感到欣喜或绝望。但我们也不需要让心情因为这些发现而起起伏伏，一次又一次地消除疑虑，却又反复地受惊吓。我们只需要了解，咖啡因是一款复杂的药物，且会以奇异的方式影响我们。

不过有个惊喜会让咖啡爱好者开心，那就是咖啡因应该可以阻止抑郁症。在一篇2011年发表在《内科医学档案期刊》（*Archives of Internal Medicine*，也就是今日的《美国医学会内科医学期刊》〔*JAMA Internal Medicine*〕）的研究论文里，哈佛研究员阿尔伯特·阿舍里奥（Alberto Ascherio）医师和同事从《护士健康研究》（*Nurses' Health Study*）中筛选资料，希望能了解饮用咖啡因饮品跟抑郁症的风险是否有关。他们只着重在女性的部分，而女性罹患抑郁症的几率又是男性的两倍（5位里面就会有一位在某个人生时段经历抑郁症）。

他们的分析结果发现，咖啡爱好者较少罹患抑郁症，更发现那些咖啡喝得最多的人（一天超过4杯）最少受到抑郁的折磨。"在这个前瞻的世代研究中，对象是一开始无临床抑郁症或严重抑郁症状的年长女性。抑郁症的风险会随着摄取含咖啡因的咖啡而减少，浓度越高，效果越好。"他们在文章中也写道，"摄取去咖啡因的咖啡则与抑郁症风险的下降无关。"

作者们也注意到此研究有个重大的局限。受试者们一开始是在平均年龄63岁以及43岁时接受面谈，许多抑郁症患者也都是在这时候发病，也因此在研究筛选的过程中被排除在外。不过这也有可能是因为抑郁的人比较没有喝咖啡的欲望。因此，他们不大可能弄清楚何为因何为果。但这样的研究结果还是促使赛思·伯科维茨（Seth Berkowitz）医师留下乐观正面的记录：

> 该研究提供了重大的贡献。就我所知，从摄取咖啡因来评估女性的心理卫生，这是相关的第一篇大型研究。先前的几次研究都着

重于咖啡因如何影响到心血管疾病（整体而言对心血管疾病的发生率及死亡率没有影响）、发炎（全身性发炎指数会有些微上升）及包括乳癌的特定恶性肿瘤（一般来说只有一点点，甚至没有保护效果）。总的来说，这些结果明确地告诉咖啡因饮用者们，喝咖啡对健康没有明显的害处。

根据我们所知，咖啡不会致命这点是确定的。不过其他近期的研究告诉我们，还有许多未知领域需要探索。奇怪的是，另一篇针对男性抑郁症及喝咖啡之间关联性的论文，则提出了完全不同的结论。他们认为预防抑郁症发生的可能是咖啡，而非咖啡因。研究人员发现："摄取咖啡可以减少严重抑郁症的风险，但喝茶及摄取咖啡因就和抑郁症没有明显的关系。"

2013年，阿舍里奥医师和哈佛的同事发表了一篇论文，指出饮用含咖啡因的咖啡与减低自杀风险有相关。他们研究女性群体的抑郁症后发现，自杀风险会随着咖啡摄取的增加而降低，那些一天喝上4杯或更多咖啡的人风险最低（研究设定的剂量是每8盎司的咖啡含有137毫克咖啡因，接近两份SCAD）。这一次，他们在去咖啡因咖啡中也没有发现这样的关联性。

一篇2012年的论文显示，喝咖啡的人寿命比较长。你可以想象这篇文章当时吸引了多少注意力。国立卫生研究院（National Institutes of Health）的学者在国家癌症研究所（National Cancer Institute）中，从超过40万个美国人的数据中撷取样本，这些人的年龄都在50~71岁。他们发现喝咖啡跟较低的死亡风险是有关的，每天喝3杯以上咖啡的人自杀风险降低10%。

这里有好几件事情值得我们多留意。首先，这篇研究只显示了相关性，而不是因果关系。第二，去咖啡因的咖啡跟正常的咖啡相比，与死亡率降低有更强烈的相关性，不过两者都比不喝咖啡明显更有好处。最后，文章的作者没有区分不同冲泡方法间的差异。作者希望读者记得的要点是："民众担心喝咖啡会影响健康，而我们的研究结果再次澄清了这种疑虑。"

研究人员也发现，习惯喝咖啡跟第2型糖尿病风险明显下降有强烈相关性，但咖啡因可能不是作用于其中的保护因素。

正当研究员发表咖啡与第2型糖尿病的相关研究结果时，格林汉姆观察到截然不同的现象。他的研究显示，咖啡因会增加胰岛素阻抗。胰岛素是一种荷尔蒙，其调整血糖的功用广为人知。格林汉姆的研究显示，受试者的血糖浓度会在服用咖啡因及碳水化合物后上升。

格林汉姆的研究结果显示，咖啡因会增进胰岛素阻抗，但其他研究则显示咖啡与较低的第2型糖尿病风险有关。他说，要让这两方观点一致实在有些困难。

"低糖尿病风险的研究成果问世时，我们的论文早就发表过了。这真是让我们百思不得其解。"他表示，"任何一位客观的科学家都会认为其他人是错的，只有我是对的。但事实并不完全如此，我们其实两方都是正确的。"

他表示自己的研究发现是无可挑剔的："先不论受试者摄取咖啡因或饮用咖啡的习惯，我们给他含咖啡因的咖啡或纯咖啡因，接着再给他含碳水化合物的食物或饮料，然后让他坐着或躺着很长一段时间——我说不出来到底要多久，不过至少有几个小时——那么这个人就会产生胰岛素阻抗性。"

　　格林汉姆表示，对健康的人来说，胰岛素阻抗位于安全范围内。"我觉得自己还算活泼健康。我无时无刻不在喝咖啡，且不用烦恼'噢，天啊！我完全搞坏了自己的身体！'因为我有信心自己的身体可以多制造那么一点胰岛素，然后把该完成的任务搞定。"他接着说，"但如果我得长期久坐，如果我体重肥胖，如果我有第2型糖尿病的家族史，或知道自己正朝那些方向发展，就会尽量避免接触咖啡因。"

　　相反，这个效果对第1型糖尿病患者来说反而是有好处的，特别是他们容易经历名为胰岛素休克的急性低血糖。格林汉姆表示，跟不含咖啡因的饮料相比，含咖啡因的软性饮料更能提升血糖，而这正是低血糖患者在发作时所需要的。从咖啡因跟胰岛素之间的关联性，我们可以看出，咖啡因在人体到处都有许多不同的作用。某些作用很明显，某些较轻微。

　　哈佛的研究员在2012年有了令人讶异的研究结果。他们发现，摄取含咖啡因的咖啡与较低的基底细胞癌发生率有关。那是一种皮肤癌，发生的几率很高，很快就要赶上所有其他癌症加起来的发生率。发生率的降低与含咖啡因的咖啡有关，而不是去咖啡因的产品，所以咖啡因可能是其中一个保护因子。虽然这种保护效果很小，仍有医师表示："美国每年有接近100万位新诊断的病患，就算保护效果微小，但每人调整每日饮食摄取，就能在公共卫生层面造成巨大的影响。"确切的保护机制仍不明确，不过实验室里的老鼠研究已显示，咖啡因可帮助消除被阳光破坏的皮肤细胞。

　　也许关于咖啡因最大的担忧是，它可能会造成先天缺陷或流产。在20世纪80年代晚期，这种担忧促使联邦政府指定了委员会来重新评估软性饮料中的咖啡因使用。自此之后，相关的研究汗牛充栋。

　　为了让这些研究更能被大众理解，美国妇产科医生学会针对产科医疗成立的委员会（American College of Obstetricians & Gynecologists' Committee on Obstetric Practice）在2010年发布了一份委员会共识。他们的结论如下："适度地摄取咖啡因（一天少于200毫克）并不是导致流产或早产的主要因素。咖啡因与胎儿发育受限两者的关系仍有争议。关于高剂量咖啡因摄取与流产间的关系，目前还没有最终的结论。"

　　这份共识抚慰了一些母亲，她们知道不用完全放弃咖啡因，总算可以放心了。但他们在2013年初却收到晴天霹雳的消息，斯堪的那维亚的研究团队发表了一篇论文，声明："咖啡因与出生体重减轻以及胎儿小于妊娠年龄有一致的相关性。"而且不只是高剂量咖啡因才有这样的效果。作者发现每天摄取小于200毫克咖啡因，与婴儿出生过小的高风险是有关的。

　　值得注意的是，这篇研究并不完全与妇产科委员会的共识相矛盾，后者的结论是"咖啡因与胎儿发育受限两者的关系仍有争议"。

咖啡因的奇怪特性

　　咖啡因还有一个奇怪的特性，女性应该特别感兴趣：在2012年，学者们发现适量的咖啡因摄取与体内雌激素的改变有关，不过程度因人而异。每天摄取200毫克咖啡因以上的白人女性跟没有摄取咖啡因的对照组相比，有比较低的雌激素浓度；在亚洲女性身上则观察到相反的趋势。

但奇怪的是，不同来源的咖啡因会以不同的方式影响雌激素浓度。从咖啡以外的来源摄取咖啡因的亚洲、黑人与白人女性中，每天饮用绿茶或含咖啡因的汽水的人，雌激素浓度较高。（不过在所有的统计资料当中，这样的浓度增加并不足以影响排卵。）

好几年来，科学家都相信咖啡因会导致骨质疏松，会造成老年人骨密度的下降，而且女性受到影响的比例特别高。咖啡因确实会轻微地抑制胃吸收钙质，结果让一些医师担心此药物会导致骨密度下降，并增加骨折的风险，但事实并不完全如此。根据内分泌科医师罗伯特·希尼（Robert Heaney）所述："咖啡因对钙质吸收的负面影响是如此之轻微，只要多喝1~2茶匙的牛奶就可以补回来了。"他在一篇2002年的论文中写道："所有的临床观察都指出，将含咖啡因饮料视为骨质疏松风险因素的研究，都是针对钙质摄取低于建议量的群体所进行的。"

年纪稍长或希望自己能成熟点的咖啡饮者应该会喜欢下面这则新闻：咖啡因在预防帕金森症及阿兹海默症上似乎扮演了某些角色。一篇2000年的研究分析了8000名日裔美国男性的数据，发现饮用咖啡的人有比较低的帕金森症发生率。这次就比较像是咖啡因的作用。科学家在研究结果中写道："数据显示中间的机制跟咖啡因的摄取有关，而不是咖啡中含有的其他养分。"

葡萄牙及西班牙的研究人员在2010年回顾了当时关于阿兹海默症及咖啡因的文献。他们的发现跟上述研究结果有些微的差异。虽然他们发现了一些蛛丝马迹，能说明咖啡因有保护作用，研究人员仍表示相关的研究结果落差很大，拒绝做出草率且绝对的结论。

这两个例子的数据都无法说明咖啡因能降低疾病的发生率。有可能是这些容易罹患神经退化疾病的人们的神经系统让其不想接触咖啡因。而且如果咖啡因能提供保护神经的作用，我们也仍不清楚到底是哪个作用机制在发挥功能。不过研究人员怀疑跟咖啡因对腺苷及多巴胺的影响有关。

科学家仍在不断学习，并试图了解咖啡因是如何占领腺苷受器。戴维·埃尔姆霍斯特（David Elmenhorst）和他在德国的同事们于2012年运用神经影像检查来了解除了正常情况之外，有多少一级腺苷受器会跟咖啡因紧密结合。他们研究了A1受器，该受器是人脑内最广泛存在的腺苷受器，特别是在皮质的部分。皮质内的神经元对高等的认知功能是十分重要的。而A2A受器则跟让人恐慌发作的基因变异有关，这些受器比较集中在大脑深层的区域，也就是基底核内。

"而到底是哪个受器与咖啡因的作用比较相关呢？"关于这点目前仍有争议。埃尔姆霍斯特告诉我："有些研究暗示是A1受器比较相关，但有些又说是后者。"

研究人员给15位男性受试者静脉注射咖啡因，注射的浓度范围从体重每公斤1~4毫克（以一位68磅的人来说，那范围差不多是1~4份SCAD）。论文中还附上了几张有或没有注射咖啡因的大脑影像，显示出咖啡因到底是如何充满脑中的神经受器的。埃尔姆霍斯特表示自己的论文是第一篇相关的人体研究，显示我们平常摄取的咖啡因会阻断50%的腺苷受器。

埃尔姆霍斯特还强调，50%真的是非常重要的数字。当你选择药物来治疗精神科疾病，比如思觉失调症时，你会希望该药物能够占据差不多68%~70%的目标受器。这样的血液浓度能够达到治疗的剂量，却又不至于高到产生我们不想要的副作用。这也说明惯常饮用咖啡、茶、可乐或能量饮料可视为自行给药。埃尔姆霍斯特告诉我："我觉得人们会直觉地摄取刚刚好的剂量，以避免副作用，并获得预期的作用。"

我们已经看到个体间的差异是如何影响咖啡因的新陈代谢的。避孕药、抽烟以及调控腺苷合成及酵素生成的基因遗传倾向性，都是造成这些差异的因素。另一项影响因素是人格类型。更准确地说，是内向及外向的特质，最初是由瑞士的精神科医师卡尔·荣格（Carl Gustav Jung）进行区分描述。外向的特质通常包括喜好社交且能快速做出决定，内向特质的人则会比较着重在内在部分，且通常喜欢单独的活动。长久以来，我们已经知道外向的人较能从咖啡因中获得认知功能的改善。在一篇2013年发表的研究中，研究人员评估受试者的记忆力，要他们回忆先前看过的字母，接着按下键盘上相对应的按钮。他们发现咖啡因可以增强外向者的工作记忆，但却无法帮助内向者的表现。

咖啡因另一个奇怪的地方，是人们知道自己服用咖啡因这件事情也能增进认知功能。为什么会这样？这就要提到心理学家所说的"期望"。为了检测期望的效果，琳恩·道金斯（Lynne Dawkins）带领一组英国的研究团队将88位受试者分成4组，并给予他们咖啡。第一组拿到含咖啡因的咖啡，也告知他们里面含有咖啡因；第二组拿了含咖啡因的，却被告知里面没有；第三组拿到去咖啡因的咖啡，但以为是含咖啡因的；最后一组拿到去咖啡因的咖啡，也知道里面没有。在此实验中，含咖啡因的咖啡每份含有大约75毫克咖啡因（一份SCAD）。

通过这个方法，研究人员检测了咖啡因的安慰剂效果，发现情况有明显改善，而这仅仅是因为受试者感觉治疗会是有效的。（这也正是双盲研究试验所要防范的，因为受试者及研究人员都不知道投注的药物中到底含有什么成分。）早期的研究发现，只有受试者确实摄取咖啡因后，"期望"才能维持受试者的专注力，这是咖啡因加上饮用后的预期所产生的加乘效应。道金斯的研究团队则发现不尽如此，她在文章中写道：

"目前的研究结果并不支持这项观点。但我们发现，不论喝下去的咖啡中是否含有咖啡因，对咖啡的期望都能够增强表现。"

的确，在另一项测验中，期望的作用让咖啡因的效果相形失色。斯特普效应（Stroop effect）所指的现象是，"红色"字体印成红色（图文相符）比起印成蓝色（图文不相符）时，我们比较能快速念出"红色"。斯特普测验可以测试认知功能。研究者通常要求受试者在一定时间内辨识这两种文字，再记下他们正确回答的次数。

"总而言之，斯特普测验的结果间接指出，服用咖啡因后的期望心理可增强专注力，使之更持久。这个效果可比得上或甚至超越咖啡因的药理学效果。"道金斯写道。

话虽如此，这些发现在实际运用上也有所限制。除非你想要逐渐戒掉咖啡因，还有办法找到人泡去咖啡因的咖啡给你喝，却又告诉你里面含有咖啡因。当然，你可能会比在知情的情况下有更好的工作表现。但要了解为什么我们在关键时刻时会希望来杯咖啡，则还有很长一段路要走。就如同道金斯所写的："咖啡因以及已经摄取了咖啡因的期待，都可以帮助专注力和提升精神运动的速度。"

但咖啡因还有更多惊奇要带给我们。让我们假设你是个外向的人，你的腺苷受器被咖啡因满满地覆没，而你手上拿着杯咖啡，蓄势待发。当你正全力以赴地跟同事讨论某个案件时，突然间某件事情让你想起了一位大学时期的老朋友。你可以回忆起他的长相，却想不起他的名字。你也许可以将此归罪于咖啡因。

像这样知道答案却又暂时无法回想起来的恼人经验，认知科学家称为"舌尖现象"（Tip of the Tongue，话在嘴边却说不出来）。咖啡因有助于让你想起与当下思绪有关的文字，这点并不让人奇怪，不过也同时会增加不相关文字的舌尖现象。

意大利第里雅斯特的研究员瓦莱丽·莱斯克（Valerie Lesk）和斯蒂芬·旺布尔（Stephen Womble）测试了32位大学生在服用和没有服用200毫克咖啡因情况下的记忆力。方法是测试100题一般常识的问题，服用过咖啡因的学生们跟控制组相比，较少出现舌尖现象，不过仅限于跟目标组相关的文字。要他们指认出不相关的文字就会产生相反的效果，比舌尖反应还要让人感到挫败。

就是这些复杂且变化万千的效果让咖啡因难以归类。正因为如此，美国的相关单位花费了如此多的心力与时间，甚至超过一个世纪，但就是想不出对策来管理。

第四部

CAFFEINATED

防堵咖啡因

第十三章　释放野兽

咖啡因保卫战

从查塔努加大审的决议到20世纪70年代晚期，超过60年的时间里，有关管理机构逐渐淡忘了咖啡因的问题。与此同时，咖啡在全世界的摄取量攀升到高峰又掉落，软性饮料公司的版图迅速扩展。

食品药品监督管理局1958年在《联邦食品、药品和化妆品法案》（Federal Food，Drug and Cosmetic Act）中增加了《食品添加物修正条文》（Food Additives Amendment）。该修正案正式承认咖啡因的等级为GRAS等级，这是食品药品监督管理局专有名词缩写：一般认定是安全的（generally recognized as safe，GRAS），意即该食品添加物有悠久的安全纪录史。但食品药品监督管理局认为只有"可乐种类的饮料"中的咖啡因，且只有浓度低于0.0%或0.0002%时才符合GRAS等级。此浓度等同于每12盎司饮料中含有71毫克咖啡因，或大约等同于一罐市售可乐所含有的两倍咖啡因（虽然查塔努加大审前，可口可乐中的咖啡因含量一定超过这个门槛）。在1966年一次"苏打水"的法规调整中，食品药品监督管理局间接让咖啡因变成某些软性饮料里应该合法添加的成分。根据修正过的标准，苏打水中的咖啡因不应超过饮料重量的0.02%。这些名称中包括"可乐"或"胡椒"字眼的苏打水，大家都知道当中添加了可乐果萃取物，也因此是含有咖啡因的饮料。

咖啡因在1978年吃了场败仗，联邦委员会的小组重新审视了咖啡因的安全性，决议其GRAS的资格无效。为了减少大众对咖啡因效果的疑虑，委员会要求："相关机构进行一系列长期研究，实验条件要严格掌握，对象只有合适的物种，包括胎儿、新生儿及成长中的动物。特别要研究添加在食物及可乐饮料中的咖啡因对心血管的作用，以及对即时与最终行为带来的影响。"委员会没有细究咖啡或茶，只关心咖啡因作为食品添加物到底安不安全。

食品药品监督管理局在20世纪80年代接纳委员会的建议，取消咖啡因GRAS的资格，并为了更加了解咖啡因对健康造成的危害，建议进行一系列在动物及人体上的研究。食品药品监督管理局对咖啡因的再审查让问题变得更加棘手。可口可乐公司如坐针毡，百事公司坐立难安，就连国家咖啡协会也不得不跳出来。

国家咖啡协会会长乔治·E·伯克林在给食品药品监督管理局的信中写道："该法规的调整并没有涵盖到咖啡，它所挑起的潜在议题，针对的是一般食品中咖啡因的安全性。因此，国家咖啡协会特别在意这些议题要有明确的决议。"

可口可乐公司也给予食品药品监督管理局回复，重申自己长期使用相同的配方，因此不同意咖啡因被取消资格。它同时附上一封食品药品监督管理局副局长约翰·哈维在1958年写给可口可乐公司副总裁埃德加·福里奥的信，信中副局长保证，接下来要修订的食品添加物法案不会影响到可口可乐。哈维写道："我们认为可口可乐这款饮料历史悠久且市占率高，信誉卓著，成分的安全性绝对可以放心。"

该提案最后胎死腹中。相关的科学检验报告最终安抚了大众对咖啡因致癌及影响生殖能力的焦虑。食品药品监督管理局于是暂缓了咖啡因的GRAS资格撤销长达20年，最后在2004年完全放弃。咖啡因在保卫战中存活了下来，仍列于GRAS的名单上。

这个过程中有件诡谲的事。食品药品监督管理局发现许多软性饮料并不符合苏打水规章中的可乐定义。譬如，以山露饮品为例，它含有咖啡因，却没有添加可乐果萃取物。有的饮料却是有可乐果萃取物但不含咖啡因，像是无咖啡因可乐。食品药品监督管理局首次尝试重修可乐饮料的定义后，在1989年决定干脆取消苏打水的认定标准，当然也包含各种可乐饮料。此举致使咖啡因的GRAS资格产生了极大的落差，时至今日仍然存在，特别是关于各种可乐饮料。不过食品药品监督管理局仍未有针对这类的饮料标准定义。

此争议在20世纪80年代早期并没有唤起大众对咖啡因的注意。低咖啡因的咖啡销售量逐年上升。麦斯威尔公司洞察先机，在那几年投资了几百万美元，修建了目前由麦克斯莫斯公司经营的休斯敦低咖啡因塔状厂房。满溢（Brim）公司在自家低咖啡因产品的广告中说："用各种风味填满你的杯子，但不包括咖啡因。""山卡"（Sanka）这家低咖啡因的先驱在20世纪80年代规模庞大，其名称来自法文的sans caféine（不含咖啡因）。在《开放的美国学府》（*Fast Times at Ridgemont High*）这部美国青少年喜剧电影中，烦恼重重的理科老师向学生恳求："听着，我今天思绪比较慢。我刚开始喝山卡的咖啡，同情一下吧。"山卡公司拍摄了一支电视广告，里面一位烦躁的男子的太太解释说："他的医师说咖啡因让他紧张不安。"满溢也做了支类似的广告，有句台词说："医生告诉我咖啡因会让我感到紧张。"

演员杰弗里·霍尔德（Geoffrey Holder）拍摄了一系列七喜广告，他在广告中说道："七喜口味清爽，让人焕然一新。清新又利落，且不含咖啡因。你不需要咖啡因，以后也不会碰到。"这系列广告还有另一句标语："你不需要咖啡因，你的可乐也不需要。"（皇冠可乐公司之后在法庭上与七喜公司针锋相对，声称七喜公司不含咖啡因的主张损害到了他们的名声。）可口可乐公司也在报纸上刊登广告，上面有好几罐无咖啡因可乐、健怡可乐、TaB无糖可乐，并加上标语"无咖啡因的饮料现在喝起来就像含有咖啡因一样"。

此争议导致了国际生命科学研究所（International Life Sciences Institute，ILSI）的成立。该非营利机构由企业赞助，致力于咖啡因的研究。ILSI逐步成长为大型的、由企业赞助的非营利机构，它有项高尚的任务：推动公共卫生及福利。该组织旗下有多个委员会，里面充斥着世界上最大的食品及饮料企业集团。其中，咖啡因的委员代表包括可口可乐、百事可乐、红牛、卡夫食品、玛氏及联合利华。

这些饮料厂商跟食品药品监督管理局之间的争斗洋洋洒洒地记录在几千页的通信记录上。两边律师及科学家的争论也是沸沸扬扬，跃然纸上。有篇论文的标题写道："不同的动物物种中，咖啡因不会与微粒体形成共价键，也不会键结在灌流过小鼠肝脏的蛋白质和DNA上。"

食品药品监督管理局的文件中有几十页的内容聚焦于对健康食品的

倡导，这对软性饮料厂商来说已是几十年来的眼中刺。

迈克尔·雅各布森（Michael Jacobson）是美国公共利益科学中心（Center for Science in the Public Interest，SCPI）主任，他追随哈维·威利的脚步成为改革者。他雄辩滔滔，与诸多喜爱奚落他立场的财团为敌，但他毫不妥协。雅各布森在1994年警告美国民众，看电影时享用的爆米花具有阻塞心脏的作用，他表示，大分量的爆米花拥有跟6份大迈克尔汉堡一样多的饱和脂肪酸。

雅各布森在20世纪70年代和另外两位刚拿到博士学位的同事在工作上遇到拉尔夫·奈德，自此便努力尝试要让美国民众吃得更好。"我们觉得有个由研究人员统筹的组织会是件有趣的事。这个机构的目标是凸显科学的重要性，并鼓舞其他科学家去参与社会活动。"雅各布森这样告诉我，"我们当然对成立组织或募款一无所知。所以我们能走到这里算是十分幸运的。"他所说的这个组织不仅仅是幸存下来，到2012年，他们在华盛顿哥伦比亚特区L街上的大型办公室进驻了60名全职员工，一年的预算为1700万美元。

个子瘦小，戴着眼镜，一头灰色卷发，是雅各布森给人的第一印象。他的声音轻柔，长袖善舞的能力却不可小觑。"液态糖果"就是他所创造的用来描述软性饮料的用词。有些人甚至将"垃圾食物"这个词的创造归功于他，虽然他本人矢口否认。"想想20世纪70年代那些满口食品安全及营养的人们，是什么让我们跟这群人不同？他们的措词委婉，且喜欢使用专业术语。我们喜欢直接说可口可乐和百事可乐，而不是说'碳酸软性饮料'。因为品牌的名称比较能让大众引起共鸣，范围太广、指涉太模糊的词就不行。"

雅各布森致力于减少民众对盐、油及糖的摄取，此举让他成为反对者攻击的目标，消费者自主权中心（Center for Consumer Freedom）称他为"保姆头头"，但他毫不畏惧。"'你们想要自己的州都让保姆管？''别抢走我手中的可乐！'诸如此类对我们的抨击，明显来自相关产业及其盟友。"雅各布森如此说道，"政府及相关产业必须正视科学告诉我们的真相：反式脂肪酸会将我们消灭殆尽，过多盐分让我们生不如死。我们正经历一波肥胖流行病。"

让我们把时间拉回到20世纪70年代，当时的星巴克只拥有几家西雅图地区的门店，也没有人听过能量饮料。可是在那时候，雅各布森就已意识到咖啡因带来的问题。在特别委员会于1979年提出对咖啡因的质疑后不久，雅各布森便向食品药品监督管理局请愿，要求严格控管咖啡因。

他在1981年针对咖啡因的GRAS资格上书食品药品监督管理局，文中有段叙述现在看来颇有先见之明。（别忘了当时距今超过30年，里根才刚要开始他第一任总统任期，当时蔚为轰动的大新闻是查尔斯王子跟戴安娜王妃结为连理。）雅各布森写道："咖啡因在过去15年来陆续出现在越来越多的软性饮料中。香橙口味的香吉士汽水和苹果口味的阿斯班（Aspen）汽水中含有咖啡因。山露跟畅快黄（Mello Yello）里也有。制造业者喋喋不休地要求得开放咖啡因的使用范围……在接下来的10年内，虽然咖啡因的安全性仍被质疑，孩子们却会喝到越来越多含咖啡因的饮料。"

可口可乐公司在1988年推出广告，推销不含咖啡因的软性饮料。此举促使雅各布森寄了另一封信给食品药品监督管理局："可口可乐公司好几年来引领着软性饮料产业，不断恣意主管机关及民众，让他们相信咖啡因必能提供大家习以为常且渴求的风味。"他先轻轻挖苦了一下饮料界巨擘，然后继续说道，"食品药品监督管理局陷于咖啡因与苏打汽水的争议中。对孩子来说，饮料的口味会比对健康的危害还重要吗？我们应该感谢足智多谋的美国同胞已经帮我们解决了这问题。可口可乐已宣布生产了'不含咖啡因的饮料，但尝起来像含有咖啡因'……既然可口可乐可已突破瓶颈，能调出化学香味，我们便强烈要求食品药品监督管理局禁止在苏打汽水中添加咖啡因，以保护儿童的健康。"（针对咖啡因调味的争议，促使罗兰·葛瑞菲斯在2000年针对此议题发表论文。这部分已在第五章阐述过。）

　　食品药品监督管理局花了16年的时间驳回雅各布森的第一份咖啡因请愿书。他立即在1997年提出第二份申请。为了推动相关产品能有明确标示，雅各布森在给食品药品监督管理局的第二份请愿书中，列举出咖啡因的害处，包括睡眠失调、焦虑及成瘾。更明确地说，他希望食品药品监督管理局能要求食品及饮料不仅要标示出含有咖啡因，还要公布其中含有的剂量。

　　这段期间，食品药品监督管理局跟雅各布森之间虽然客客气气，但气氛很紧张。针对一份1980年的GRAS资格修正提案，食品药品监督管理局的代理局长马克·诺维奇（Mark Novitch）博士写了封信回应雅各布森。他表示自己也一样关注咖啡因："食品药品监督管理局已谨慎地评估所有可得的证据，但我们觉得现阶段在咖啡及茶类产品上贴上警告标示并不合法。对此，您显然与我们意见相左。但我无法接受您将本局的立场描述为'不负责任'。"

　　双方就算有敌意歧见，也随着时间逐渐抚平。食品药品监督管理局的主管戴维·凯斯勒（David Kessler，就是此人让尼古丁的议题变成决策焦点）甚至在1996年授予雅各布森该机构的特别表扬令，上面写着："迈克尔·雅各布森先生致力于协助政府、产业及民众了解饮食及健康间的关系，达成本世纪伟大的公共卫生成就，特以此奖章表扬。"表扬令还附带了一枚铜制奖牌，让我们好像看到了第一位反抗咖啡因的推手哈维·威利。

但食品药品监督管理局仍无法将雅各布森提出的第二份请愿申请付诸实行。直到倡议后的30年，雅各布森闪电般突袭咖啡因。他在2008年以安海斯一布什（Anheuser-Busch，美国最大的啤酒酿造公司）及美乐酿酒公司（Miller Brewing）销售含咖啡因的酒精饮料为由提起诉讼。他指控美乐公司以"轻佻的语气"来宣传酒精能量饮料火花（Sparks），说这饮料可以让大家"狂欢"。安海斯一布什的倾斜（Tilt）及百威加强版（Bud Extra）也身陷风暴中。雅各布森称这类产品为"酒精强化饮料"（alcospeed）。这几家瓶装厂商最后承受了检察总长小组的压力，与雅各布森成立的组织及州律师达成协议，将产品下架。不过火花跟倾斜在市场上没有足够的吸引力，无法产生足够的负面新闻让大众注意含咖啡因的酒精饮料。不过很快，这类混合饮料在几十家小型的独立厂商推波助澜下，逐渐受到瞩目，其中还包含一款声名狼藉的饮料。这也是食品药品监督管理局第一次对新的咖啡因产品采取较严格的规范动作。

对产品安全的争议

9名中央华盛顿大学的学生在2010年秋天的某天，喝下名为四洛克

（Four Loko）的混合咖啡因及酒精的罐装饮品后，几乎休克，被送到医院急诊室。另外，几十名民众则不安地来到宾州兰开斯特的急诊室：一名21岁的马里兰州女性开着小卡车遇车祸身亡，事发前她喝了两罐含咖啡因的酒精饮品。医疗人员在曼哈顿行政区的贝尔维尤医学中心（Bellevue Hospital Center），观察到许多年轻男性出现冲动及放纵行为，其中一位甚至跌落在地铁轨道上。突然间，这个国家好像受到新一波健康危害的威胁，"瓶中物让人丧失理智"的标题占据了新闻头条好几周的时间。

每一罐24盎司的四洛克含有156毫克咖啡因（两份SCAD），而酒精含量几乎等同5份12盎司的啤酒。此产品的粉丝们表示，加了咖啡因的酒精可以让他们整夜狂欢。更由于它具有兴奋效果，有些人将之称为"液体可卡因"。

虽然有安全疑虑，四洛克仍势不可挡。能量饮料在20世纪90年代初试啼声，很快地就像鸡尾酒一样广受欢迎。红牛、伏特加，以及混合了德国利口酒野格（Jagermeister）及红牛的野格炸弹（Jager bomb）更是一炮而红。不久之后，野心勃勃的瓶装商便计划销售预混的含咖啡因酒精饮料。在雅各布森及检察总长逼迫百威和美乐退出市场后，生产四洛克的融合计划公司（Phusion Projects）这类小型的独立厂商开始泛滥。

玛丽·奥布莱恩医师对这一连串送到急诊室的事件一点不感奇怪，她早已预见了这一切。在四洛克大受欢迎之前，奥布莱恩在北卡罗来纳温斯顿—塞勒姆（Winston-Salem）的急诊室就已深受酒精及咖啡因过量所害。身为一位满腹好奇且观察入微的医师，以及维克森林大学（Wake Forest University）急诊医学的助理教授，奥布莱恩很快就成为饮品规范最有力的评论者。

奥布莱恩在2006年调查了10家北卡罗来纳大学中的4000名学生，其中将近1/4会将酒精混合能量饮料服用。奥布莱恩的调查显示，会将酒精及能量饮料混合饮用的学生较有可能会出现高风险行为：酒后驾驶、酒后乱性侵犯他人或被他人侵犯。这群人也比较可能受伤或需要医疗处置。奥布莱恩表示，这些行为的根本原因应该就是咖啡因使用者都不大会注意到自身的上瘾症状。此外，咖啡因无法抵消酒精造成的失能，而它抑制腺苷的功能会减少摄取者的疲累感，让他们可以不断饮用却又不会昏倒，甚至给予摄取者更多精力去从事危险行为。她表示，咖啡因及酒精混合饮料的研究指出："摄取含超多咖啡因的产品和与酒精相关的伤害事件这两者有显著的相关性。很明显地，单纯只是饮酒过量还可以令人忍受。"

四洛克的争议促使科学家投入更多资源在咖啡因的研究上。布鲁斯·戈德伯格是盖恩斯维尔的毒品学家，他长期地测量从星巴克咖啡到能量饮料等多种产品中的咖啡因剂量，此外还召集研究团队去访问1200多名深夜才离开夜店的民众。他发现，将酒精混入咖啡因的人有3倍在酒精中毒的状态下离开夜店的可能，并有4倍酒驾的可能。戈德伯格的观察着实让人不安，但他的结论只显示这些饮料与高风险行为相关，而没有直接指出这两项受欢迎的药品混合会导致高风险行为。（另一个解释是，容易饮酒过量或酒驾的人本来就比较会受到能量饮料的诱惑。）

含咖啡因的酒精饮料也激起了罗兰·葛瑞菲斯的兴趣。他在约翰霍普金斯大学发起了一个参数研究，在实验室设定的情境下调整咖啡因及酒精的剂量，并观察受试者的表现及自我添加剂量的行为。

2010年，随着涌入急诊室的病人越来越多，四洛克的争议也成为焦点，奥布莱恩跟其他科学家及17位检察总长则在前一年向食品药品监督管理局提出诉求，要求禁止此类产品的销售。此举促使当局在2009年11

月寄信给27家瓶装商，申明在酒精饮料中添加咖啡因从未通过GRAS标准，也因此，制造业者有责任根据科学证据及专家意见来证明产品的安全性。尽管如此，这些产品仍留在商店货架上，陶醉于咖啡因的无数酗酒者继续到急诊室报到。

食品药品监督管理局最后在2010年11月做出决定，对四洛克及其他含咖啡因酒精产品的厂商寄出警告信函。"本局认为，消费者饮用超过一瓶你们的饮料，就可能对中枢神经系统造成影响。"信中这样写道，"因此，本局相信，饮用你们的产品……可能会导致一些负面的后果。因为咖啡因多少会抵消酒精产生的副作用。"食品药品监督管理局查封了相关产品，并起诉了生产的瓶装商。这些瓶瓶罐罐终于被下架了。

与酒精混合

早在火花跟四洛克之前，美国人混合酒精及咖啡因已有悠久的历史。卡噜哇（Kahlua）咖啡酒含有些微的咖啡因，每份大概有10毫克。此外，艾伦咖啡口味白兰地（Allen's Coffee Flavored Brandy）更是缅因州人世世代代必喝的选择。它蝉联了缅因州的总销售冠军，大小瓶装更在销售排行榜前10名中夺下4席。缅因州人每年都要喝掉百万瓶艾伦白兰地，全州在2011年的销售额更是超过1100万美元。

这款饮料还有大批脸书粉丝、主题曲和昵称，像是罗克兰·马蒂尼（Rockland Martini）跟大猩猩果汁（gorilla juice）。酒吧常客会直接点

"艾伦加牛奶""牛奶饮料""一份白兰地"，或简明扼要地说"来一份艾伦"。有些人称它为墨西哥遮阳帽（Sombrero）。不论如何，这些名称都意指同一样东西：同比例的咖啡白兰地加牛奶，盛在品脱杯中，加点冰块。它还有个不祥的绰号"火烧拖车"，因为某些缅因州的农民喝太多咖啡白兰地后会出现失控的暴力行为。（有趣的巧合是，苏格兰人也喜爱高咖啡因、高酒精饮料巴菲斯特酒〔Buckfast Tonic Wine〕，他们戏称为"搞乱这间房子的饮料"〔wreck the hoose juice〕。）

有些咖啡白兰地的粉丝表示这款饮品可以让他们整夜狂欢。沃克（M. S. Walker）这家厂商在马萨诸塞州的萨默维尔生产白兰地，副总裁盖瑞·萧告诉我这一切都是误会。他说咖啡因是他们为了给饮料加入天然咖啡风味时的副产品，但拒绝透露里面到底含有多少咖啡因。

咖啡白兰地不仅仅是地方人士的癖好，它也清楚地展现了食品药品监督管理局是如何区分这些含有咖啡因的饮品的：添加含咖啡因的咖啡到饮料里，就认可它为天然风味；混入咖啡因粉末，就变成邪门歪道。如同你所看到的，这条区别的线会变得越来越模糊。

虽然四洛克一脚踹开了法规的大门，但食品药品监督管理局并没有把握机会替非酒精产品订立长远的咖啡因规范。对于酒精能量饮料商可能违反的咖啡因规范，食品药品监督管理局都不置一词，也不认为酒精饮料中任何浓度的咖啡因会符合GRAS的标准。对于饮料中咖啡因的安全剂量是多少，是否应该更清楚地标示咖啡因成分，食品药品监督管理局都无法提供新的指引。

尽管如此，食品药品监督管理局很快又有另一件事要烦心了——怪兽能量饮料要出笼了。

营销的威力

当你打开一罐易拉罐装的怪兽能量饮料，你会听到二氧化碳泄出罐子的嘶嘶声。倒进玻璃杯后，怪兽能量饮料的颜色就像是麦芽啤酒。入口后，舌尖上的味道带点金属味、糖浆的甜味还有些许橘子雪糕香气。虽然这跟一杯热腾腾的哥伦比亚咖啡相去甚远，但你会越来越习惯。几百万美国民众已经对此习以为常了。

靠着醒目的荧光绿爪痕跟"释放野兽"（Unleash the Beast）的标语，怪兽能量饮料瞬间变得好像无所不在。根据《饮料文摘》（*Beverage Digest*）的统计，怪兽在美国的销售已经于2011年超越红牛。饮料产业在市场营销上一向是游刃有余，但事实上，没几家公司能做得比怪兽能量饮料好。

怪兽能量饮料从汉森能量饮料（Hansen Energy）延伸而来。1997年，加州的果汁厂商汉森天然饮料公司（Hansen's Natural）研发出了这款产品。同年，红牛也在美国上市，并在第一局击倒汉森这个美国对手。汉森很快后来居上，销售量一开始起步缓慢，但在2002年聘请迈克林设计（McLean Design）这家湾区公司来改善营销后，业绩便蒸蒸日上。这一切多亏有该公司提出的三个妙招。

迈克林想到了怪兽（Monster）这个品牌名称、让人朗朗上口的标语以及让人印象深刻的商标（爪印商标目前已是举世闻名的花纹，在高中生中也十分风行）。迈克林也建议汉森改做特大罐商品，毕竟这是美国行之有年的不败的传统营销手法。汉森公司于是将怪兽能量饮料的瓶罐大小设计成红牛的两倍大，但以相同价格销售。接着，他们用和其他能量饮料一样的营销手法来宣传怪兽能量饮料：用重金属摇滚乐团、极限运动嘉年华和比基尼女郎来吸引年轻男性的目光。

从人体代谢的角度来看，针对年轻男性宣传富含咖啡因的产品是合理的。纽约州立大学水牛城分校的詹尼弗·坦普尔（Jennifer Temple）研究不同性别青少年的咖啡因增强效果。在一个双盲的安慰剂与控制组研究中，男性受试者比女性更喜欢含咖啡因的苏打饮料。（请记得，增强效果会让你更容易重复某行为。）"这些数据显示，男孩可能更容易受到咖啡因增强效果的影响。"坦普尔如此写道。

不论这项生物代谢的假说是否成立，怪兽能量饮料的营销可以说打了场胜仗。该产品7年内的销售总额超过10亿美元。到2012年前期，这款产品就占了汉森公司总销售额的90%以上。高层从善如流，将公司名称改为怪兽能量饮料公司（Monster Beverage Corporation）。这只怪兽吞食了天然果汁公司。怪兽公司在2012年的总销售额就达到24亿美元。

怪兽能量饮料公司祭出轰动的标语及商标，才能在一片竞争激烈的市场中销售自家的咖啡因传递机制。这是美国长久的市场传统。咖啡因的流行与广告宣传总是携手并进。我们本来就很爱咖啡因，但四面八方的讯息源源而来，要我们更爱咖啡因一点。事实上，不只在美国，目前在世界各地也很难找到一家没有可口可乐或百事可乐醒目商标的杂货店。

在墨西哥，你可以在每家路边旅馆都发现可口可乐经典瓶身的标志，上面用模板印出字样"好好享用"（Toma lo bueno），或是百事可乐的标语："刷新你的世界"（Refresca tu mundo），最后一个字甚至填满了百事商标的三个颜色。在中国的石家庄，路边的饮料书报摊插满了大型的可口可乐旗帜。

在前往马里兰州去跟食品药品监督管理局讨论咖啡因规范的路上，

我的目光被来一片公司的广告招牌所吸引。该公司生产含咖啡因的果胶条，目前的老板之一是NBA明星勒布朗·詹姆斯。在巴尔的摩东侧接近葛瑞菲斯办公室的地方，一张麦当劳的巨型广告牌写着："早餐好伙伴，咖啡无论大小杯都只要一美元。"而当我从纳蒂克军事研究中心开车前往波士顿时，路边树着好几幅SK能量饮料的广告牌，该饮料是由饶舌歌手五角协助研发。

当你越了解咖啡因这个产业的规模跟领域，知道它的营销威力，就越能看清我们有多少文化与咖啡因纠结不清，并理解有关单位想要挑战咖啡因会遇到的困难。

咖啡因传递机制的广告如今比比皆是，就连《纽约时报》上都有它们的身影。（星巴克在2011年雀屏中选，万中选一地成为该报纸数字首页的赞助商，为期两天。此外，星巴克还买下了许多该报全版的广告页面，与其说它是打广告，反而更像《纽约时报》的赞助者。）5小时能量饮料还买下了美国国家公共广播电台（National Public Radio）的《新闻面面观》（*All Things Considered*）节目。

回溯咖啡因营销战的历史，其实就是可乐跟咖啡之间的决斗，战况到20世纪70年代才逐渐明朗。在那之后，每个人的平均可乐摄取量终于超越了咖啡。也正是这时候，在电视剧《神探科伦坡》（*Colunbo*）或《鹂鸪家庭》（*The Partridge Family*）的广告时段中，《让我请全世界喝杯可乐》（*I'd like to buy the world a Coke*）这首朗朗上口的广告歌和蒂安·胡兹的咖啡广告接连播出。20世纪80年代早期，国家咖啡协会试图以"喝咖啡的成功人士"（Coffee Achievers）这个电视广告接近年轻世代，广告中出场的有戴维·鲍伊、作家冯内果、摇滚乐团红心（Heart）以及女演员西西里·泰森。时至今日，咖啡因的营销范围越来越集中。

以怪兽能量饮料为例，它们转战网络在线营销，不再在大众传播媒体上打广告，再加上有各类运动赛事及赞助运动明星，曝光程度更胜以往。

广告界巨擘威登与肯尼迪（Wieden & Kennedy）是俄勒冈州波特兰市的一家国际广告公司，以推出Nike的宣传标语"Just do it"而闻名。此后几年，更因为替可口可乐及星巴克效劳而不愁吃穿。稍后，它于2008年与星巴克因理念不合而渐行渐远。但从双方签订的合约可以看出这些饮料在现代咖啡因经济中的重要位置。星巴克在2007年市值3700万美元，而可口可乐更是如日中天，市值为前者的11倍——41100万美元。

绿山咖啡在美国东北地区撒下大量宣传资金，由纽约的嗡嗡嗡广告（Brand Buzz）负责营销，后者想出聪明的标语"每个咖啡杯内都存有神谕"（a revelation in every cup）。而波士顿的满意商标广告公司（Brand Content）则负责克里格胶囊咖啡。为了挽留客户，让他们不要流向绿山咖啡、星巴克等其他精品咖啡，福爵在上奇广告公司（Saatchi & Saatchi）的协助下，推出许多电视、纸本及网络营销，宣传自家的K-Cup精品胶囊咖啡。（该广告公司许久前曾撰写出铿锵有力的标语：早晨起床最美好的事，就是有福爵咖啡陪伴身旁。）

邓肯甜甜圈每日卖出400万杯咖啡，为了增加销售量，便指定波士顿老派的广告公司希尔哈乐迪（Hill Holliday）来替自己规划数百万美元的宣传活动。麦当劳在20世纪70年代推出早餐三明治打下江山，2009年它又投下重磅炸弹，耗资一亿美元宣传自家专属的咖啡吧麦咖啡。

咖啡因也不断地在电影中以植入性营销的手法出现。当导演奥利弗·斯通执导电影《华尔街：金钱永不眠》（*Wall Street：Money Never Sleeps*）时，星巴克希望产品能出现在电影中。可惜为时已晚，邓肯甜甜圈早已拔得头筹。这部电影首先主打的也许是金属瓶。在电影中有一幕：演员将一罐5小时能量饮料一饮而尽，商标清楚可见。这宣传手法看来拙劣，不怎么高明。5小时能量饮料在纸媒宣传上也不遗余力，通过《美国退休人协会》（*AARP*）杂志的全版广告，将目标锁定在较年长的族群。（在年龄层光谱的另一端，甜心波波〔Honey Boo Boo〕这位6岁的小明星喝了含咖啡因的综合饮料后元气十足，称它为"冲冲冲果汁"。甜心波波在"小小选美皇后"一炮而红，目前还拥有专属的真人秀节目。）

百事可乐在2007年在美国推出百事极度（Pepsi Max）这款产品，并由BBDO广告公司负责营销。《广告时代》（*Advertising Age*）杂志预估其总额达5500万美元。这波宣传包括在超级杯时段推出广告。此举看似聪明，实则混乱。百事极度一开始作为健怡饮料销售给男性消费者，不过他们很快就去掉了商品名上的健怡（diet）字样。当时大家都不清楚，为什么市场如此饱和的情况下，百事仍要投注如此多资金推出新的可乐。

第一个广告提供了线索。电视广告中，人们不自觉地打着盹，但喝下百事极度后，生龙活虎地开始手舞足蹈。这时候旁白说道："百事极度，有更多人参成分和咖啡因。"百事可乐在饮料中添加了比其他可乐更多的咖啡因，但比能量饮料少，两面下注来因应食品药品监督管理局的新规范。

你应该还记得，根据食品药品监督管理局的指示，每份12盎司的可乐中只能含有71毫克咖啡因。百事可乐选择在百事极度中加入69毫克咖啡因（震动可乐在20年前就这么做了）。如果食品药品监督管理局决定强制执行GRAS规范，就算浓度达到很高标准，百事可乐的架上商品都会符合产品规范。可口可乐也尝试了相同的策略，金库（Vault）系列产品的咖啡因浓度也只略低于GRAS的高标准，但销量不及预期，最后停产了。

百事极度的广告比较非典型，因为它提到咖啡因。很少有含咖啡因产品的广告会清楚且明显地告诉你是什么成分让它如此诱人。举例来说，你几乎不会看到星巴克的广告提到咖啡因。星巴克CEO霍华德·舒尔茨的著作《勇往直前》中充满咖啡的神奇魔力的故事，只有一个注释对咖啡因有负面看法。有些能量饮料的厂商模糊焦点，不愿明确地公布饮料成分，只提及维生素B、牛磺酸、氨基酸跟左旋肉碱。可是这些成分都无法解释能量饮料带来的振奋效果。

回顾了现有的相关文献后，哈里斯·利伯曼跟同事写道："在这个时间点，我们只有很少、甚至没有足够证据可以证实喝这些饮料可以增进生理或心理上的能量，只有当中的咖啡因能带来这些效果。"换句话说，里面其他的成分就像橱窗里的展示品，充其量不过是避人耳目的烟幕弹，免得咖啡因成为箭靶。

避谈并忽略咖啡因是不诚实的，但可以理解。咖啡因是一种药物，因此，要坦承药物是主要吸引人的成分，在法律或道德上都站不住脚。不能让消费者注意到咖啡因在市场上扮演的关键角色，还有个重要的原因：如果星巴克承认咖啡因的重要性，一杯咖啡标价4美元就会遇到困难。消费者可能会比较愿意买"喷射提神"（Jet Alert）药丸。（花不到双倍拿铁的价钱，就可以买100颗药丸。）星巴克含有50毫克咖啡因的"果味冰饮"（Refresher drinks），可轻易被价钱只有一半的山露健怡汽水所取代。

立法者与主管机关在2012年秋天开始对能量饮料的危险性提出警告。同时，在哥伦比亚广播公司的晚间新闻中，记者采访了马诺伊·巴尔加瓦，他因为研发并销售5小时能量饮料这款产品成为亿万富豪。新闻特派员拉波克（Jon LaPook）博士问起5小时能量饮料的成分时，巴尔加瓦回答道："氨基酸是主要成分，此外还有些咖啡因。"

"里面有多少咖啡因？"

"大约跟一杯中杯星巴克咖啡一样。"

巴尔加瓦不应该对此含糊其词。就像NVE药厂的6小时能量饮料、可口可乐及怪兽能量饮料，巴尔加瓦将咖啡因粉加入饮料前，精确地将咖啡因剂量标准化。《消费者报告》（*Consumer Report*）分析了5小时能量饮料里的咖啡因，发现每份含有215毫克（3份SCAD），大约等同于一杯12盎司的星巴克咖啡。不过巴尔加瓦遵循了业界长久以来的传统，除了产品标示不清外，还推说自家饮料掺了些咖啡因就像加水泡咖啡一样正常。

第十四章　标签的背后

缺失的标签

在2011年12月阳光普照且凉爽的某天，阿米莉亚·阿里亚窥视着马里兰州大学公园市内一家7-Eleven便利商店的冷冻柜。她仔细观察柜中无数的能量饮料，发现每个瓶身上都有属于自己标签，风格也常让人感到不可思议。她抽出一罐"怪兽袭来"（Monster Assault）向我展示标签，上面只列出了包含咖啡因的"独家能量配方"。任何一个消费者都无从得知一罐饮料里含有多少咖啡因。

阿里亚是马里兰大学公共卫生学院（Maryland School of Public Health）里年轻成人健康及发展中心（Center on Young Adult Health and Development）的主任。她在无意间注意到能量饮料。在一项长期研究中采访大学生时，她很惊讶地发现，将近半数的学生都曾饮用能量饮料。

她随即了解到，对于能量饮料的研究是十分缺乏的，完全是公共卫生研究里的新领域。

为了进一步了解能量饮料的市场以及相关产品的三不管地带，我前往拜访大学公园市。我们从阿里亚的办公室走到附近一家7-Eleven，看看有哪些能量饮料，并跟消费者进行沟通。如同大多数的便利商店一样，咖啡因的传递机制唾手可得，有摆在柜台的浓缩能量饮料、沿着走道堆起来的可乐、放在走道的架上的咖啡因药丸和其他非处方药。有个大型柜台上摆了许多不同种类的咖啡，还有个占满了整面墙的冷冻柜，里面塞满含咖啡因的可乐、能量饮料及罐装咖啡产品。便利商店就宛如我们对咖啡因贪欲的纪念碑。

跟我们对谈的顾客当中，大部分人都不大了解能量饮料中含有多少咖啡因。有个年轻人买了"极限震撼"（Xtreme Shock），他对于我的询问似乎感到不悦。"噢，我知道里面含有多少咖啡因啊！"他以一种不屑的态度说道，"嗯……差不多是200%……大概就是两杯咖啡。对，我有看上面的标签。"阿里亚告诉我，许多消费者根本不知道琳琅满目的新饮料中含有多少咖啡因，因为食品药品监督管理局没有要求厂商在标签上列出剂量，但这应该是最基本的讯息，否则我们如何得知并摄取适当的剂量？（就算是软性饮料也不用列出所含有的咖啡因量。但在2007年，可口可乐及百事可乐悄悄地宣布将会在每份软性饮料上标注咖啡因的成分。）

在2011年，阿里亚和玛丽·克莱尔·奥布莱恩（Mary Claire O'brien，这位医师曾抨击含咖啡因的酒精饮料四洛克）一同在《美国医学会期刊》上撰写专栏，列出了许多问题，包括能量饮料对睡眠、血压、成瘾模式的影响，以及消费者用它们来混合其他饮料。他们更倡议应该要有更清楚的标示。"我们觉得消费者要能知道他们到底摄取了多少咖啡因，这么做会比较好。"阿里亚这么告诉我。她希望在瓶身上要有警告标示，至少要提醒对咖啡因敏感的人及孕妇，也应该标示食品药品监督管理局规定的能量饮料咖啡因上限。

在我访问阿里亚的同时，美国饮料协会草拟了能量饮料的规范。该协会在《能量饮料销售及标签责任指南》（Guidance for the Responsible Labeling and Marketing of Energy Drinks）中写道："能量饮料上的标签应遵守美国饮料协会设计的格式。厂商应主动加上咖啡因标签，并详细列出饮料中所有原料的咖啡因剂量。比如'咖啡因含量 xx 毫克／8液量盎司'。"针对特殊族群也要有另外的文字标示："能量饮料的标示应加上警示语：'不适用于孩童、怀孕或哺乳中的女性，以及对咖啡因敏感者'。"

美国饮料协会也建议学校禁止销售能量饮料，推销商也不应推销含酒精的能量饮料。但是否要遵循这些指示则完全是自发性的。

针对我的诸多询问，饮料协会的发言人特蕾西·哈利德寄来一份咖啡因标示的相关声明："我们厂商都根据食品药品监督管理局的规范在饮料上加上标签，有时甚至标示得比法条规范还清楚。咖啡因的标示就是个例子。事实上，为了满足顾客的需求，我们许多会员公司都已自发地在饮料标签上注明了咖啡因的含量，且行之有年。"她这么写道，"选购时，阅读食品及饮料上的标签，消费者就可以得知大量信息，了解自己所摄取的物质。至于那些表示能量饮料未受食品药品监督管理局管制的人，只是在轻率地散布不实谣言。"

业界开始自发性地加上标示，让阿里亚感到欣慰，但表示还有很长远的路要走。她说道："他们连在牧草种子上的标示都比能量饮料清楚。"

咖啡因的标准

参观完7-Eleven之后，我前去拜访苏珊·卡尔森（Susan Carlson）这位熟悉咖啡因规范的食品药品监督管理局专家。她的办公室离阿里亚的办公室刚好只有几英里，位于食品药品监督管理局食品安全与应用营养中心（Center for Food Safety and Applied Nutrition）里。上述两位女性皆为科学博士，对咖啡因也都有热切的兴趣，也都在大学公园市里任职。虽然她们知道彼此，却从没见过面。就在7-Eleven前，我看着两人开车交错而过。

卡尔森的研究领域是大众健康，任职于食品安全和实用营养中心的食品添加安全办公室。在我们开始讨论能量饮料的标签之前，她先表明，食品药品监督管理局尚未正式定义何为能量饮料。

更复杂点来讲，有些能量饮料被当做食品销售，有些则当做饮料。为了这场访问，我准备了一些能量饮料，用素棕色的袋子包着。我袋中的红牛饮料上有"营养成分"标签，因此直接被摆在食品类的架上。但我另外还有一罐摇滚巨星烘焙咖啡，这款能量饮料加了咖啡，上头贴的标签则是"添加物成分"。意思是，根据规范，该产品是营养补充品，而不是食品，这是依据1994年的《食物补充品健康及教育法》（Dietary Supplement Health and Education Act）。除此之外，我买了杯星巴克的双倍浓缩能量饮料（Starbucks Doubleshot Energy），这款咖啡饮品还额外加了咖啡因，跟摇滚巨星烘焙咖啡放在同一层冷藏柜架上，却是被当成食品销售。

卡尔森告诉我，食品药品监督管理局在2009年发布了一份文件来更清楚地区分食品添加物及饮料间的界线。文件中包含下面的描述："液态产品的瓶子或罐子上的包装，跟汽水、瓶装水、果汁及红茶这类单人份或多人份的饮料相似，也就是这些液态产品的设计本意是要作为一般食品。"

换个角度，摇滚巨星和巨兽、Amp及许多其他能量饮料的营销方式都名不符实。当我跟卡尔森提到这一点时，她却表示这些产品事实上没有违反任何食品药品监督管理局的规定。"我们提出的只是方针。"她说的是2009年的那份文件，"也就是说厂商可自行选择是否要遵循。"

卡尔森表示，食品药品监督管理局对于咖啡因唯一的规范是GRAS的标准，也就是0.02%。我不能理解，在GRAS的标准下，为什么有些产品咖啡因浓度超标却仍然合法。她解释，如果产品要超过标准剂量，业者必须向食品药品监督管理局证明该产品是安全的。

换句话说，如果你销售一款含咖啡因的可乐，并将浓度维持在低于0.02%以符合GRAS标准，就不需要担心咖啡因的安全性。如果你生产的可乐咖啡因高于GRAS的标准，那基本上就没有办法了。这也没有什么，但你有义务证明产品是安全的。然而，就算能量饮料或果汁中的咖啡因浓度低于GRAS的标准，我们还是需要知道此标准是否适用于可乐外的其他饮料，像是山露汽水或香吉士汽水。

离开时，我把那袋装满饮料的袋子交给卡尔森。市场上流动的商品来来去去，袋子里有许多产品是她之前也没看过的。

到了2010年，咖啡因在加拿大也成为争议的焦点，当地瓶装商已嗅到风雨欲来的气氛。《加拿大医学协会期刊》（*Canadian Medical Association Journal*）刊登了一篇社论，大声疾呼，相关单位应该提出能量饮料的规范。"能量饮料是一种非常有效的高浓度咖啡因传递机制。"主编在文中还表示，"充满咖啡因的能量饮料已跨过饮料的界线，变成尝起来像是美味糖浆的药物。"

正当食品药品监督管理局以自由放任的不干涉主义来面对咖啡因时，加拿大的执法单位已捷足先登。他们在2013年要求每份饮料的咖啡因剂量不得超过180毫克。此外，这些产品必须当成食物来销售，不能当做营养补充品，而且要清楚地标示哪些成分含有咖啡因。厂商还得贴上警语，告诫民众这些饮料混合酒精会很危险。此外，也要提醒孩童、孕妇、哺乳中的妇女以及对咖啡因敏感的人都不适合饮用这些产品。

在这些规定出现之前，加拿大早期对软性饮料中的咖啡因标准是各类可乐饮料的咖啡因限制在0.02%以下（等同于美国食品药品监督管理局的GRAS标准），至于山露饮料这类含咖啡因的软性饮料，标准则是0.15%以下。另外，加拿大还禁止在果汁或非碳酸饮料中添加咖啡因。

加拿大卫生部（Health Canada）如此规范咖啡因，美国的倡议者非常认同，希望食品药品监督管理局也能跟进。有趣的是，政府所指派负责的专门小组还建议，规定要更严格。他们希望将能量饮料改名"含有兴奋药品的饮料"，每份饮料的咖啡因上限则为80毫克，并建议加拿大卫生部，这种饮料应该限制只有成人能饮用，就像酒类一样。

欧盟也制定了属于自己的法规，要求每公升超过150毫克咖啡因的饮料皆应贴上标签，除了"高浓度咖啡因成分"的字样，还要详细列出咖啡因的剂量。此外，"上述信息不可藏在瓶身后方，必须放在饮料名称旁，让人一目了然"。

同一时间，这股反能量饮料的批评声浪也燃烧到美国。美国儿科协会（American Academy of Pediatrics）在2011年发表了一篇报告，结论中提到："在严谨地审视并分析现有文献后，我们发现能量饮料中的咖啡因和刺激性物质不适合出现在儿童及青少年的饮食中。"

管控咖啡因

　　我们都知道，在管控咖啡因上，联邦政府相关机构并没有全面的规划，地方机关更是没有什么进展。但新罕布什尔大学（University of New Hampshire）只花了很少的心力就管好能量饮料，还因此获颁奖励。总务副校长助理戴维·梅在2011年9月15日宣布能量饮料将在来年1月份从校园全面下架，并在新闻稿上重申校方对学生健康的关心："校园内最近才发生了一起与能量饮料有关的意外，校方协助将该名学生送医。"

　　红牛饮料的北美首席执行官史蒂芬·科扎克（Stefan Kozak）写了封信作为响应，要求与新罕布什尔大学的校长马克·哈德斯顿（Mark Huddleston）会面。科扎克写道："目前有超过150个国家的民众在饮用红牛饮料。光是去年，全世界就喝掉了40亿罐（瓶），美国就占了其中的15亿罐。每罐8.4盎司的红牛中含有80毫克咖啡因，其实比一杯咖啡的含量还少。我们还自动自发地在标签上清楚地注明剂量。"

　　一周后，哈德斯顿校长在9月30日回信给科扎克："谢谢您来信关心敝校的管制措施。新罕布什尔大学现在禁止餐厅及销售机销售能量饮料。不过，我们最后会考虑学生的福祉，开放特定种类的能量饮料，并且确定学生没有滥用这些饮料的习惯。这项决定今天就会开始实施。"两周以来的风风雨雨终于逐渐平息。红牛继续留在达勒姆这间大学的商品架上。

　　很快地，含咖啡因的能量饮料就成为民选官员的眼中钉。

　　参议员查克·舒默一声令下，食品药品监督管理局于2012年2月寄了封警告信函给AeroShot公司。该公司负责生产咖啡因吸食器。这些形状像是唇膏的塑料管是由哈佛教授戴维·爱德华兹所研发的。每根塑料管中塞了100毫克精研的咖啡因及维生素B。爱德华兹博学多闻，会写小说，还负责巴黎一家名叫实验室（Le Laboratoire）的艺术及设计中心。他的早期发明是Le Whif，也是管状的风味传递机制，号称"可吸入的食物"，可以放进像巧克力那样的食品。但，吸入食物是一回事，吸入药物又是另一回事了。

食品药品监督管理局注意到AeroShot公司在广告中宣传自家产品为"咖啡因吸食器"。"贵公司广告中告知消费者为吸食用，但又在其他广告中表示它是吞食产品。"食品药品监督管理局表示，营养补充品一定要是吞食产品。AeroShot公司的标示错误且会误导民众，因为"不可能同时是吸食又是吞食产品"。

接着，伊利诺伊州的参议员迪克·德宾（Dick Durbin）于4月要求食品药品监督管理局的委员玛格丽特·汉堡（Margaret Hamburg）规范能量饮料。德宾写信给汉堡，表示自己很关心厂商如何营销，将这些饮料卖给年轻族群。他写道："怪兽能量饮料的官网上，宣称产品'提供一般能量饮料两倍的刺激效果……那就是让你爱不释手无法自拔的感觉'。"

与此同时，厂商还是继续把能量饮料当做食品销售，但标签上却标示为营养补充品。食品药品监督管理局在2012年5月发信警告一家能量饮料厂商，但内容和咖啡因无关。这封信署名给摇滚巨星能量饮料CEO罗素·韦纳（Russell Weiner）。食品药品监督管理局表示，他们在2012年1月3日检查该公司于田纳西州的厂房设备时，发现产品标示有问题。有条咖啡因风味能量饮料的生产线，产品名称却是摇滚巨星烘焙咖啡。而且，虽然该产品以饮料方式营销，标签上却打上营养补充品字样。食品药品监督管理局还注意到里面含有未经核准的成分：咖啡因没有超标，但含有银杏叶的萃取物。

这里要提到韦纳，他是位有趣的咖啡因企业家。他投资房地产可能比你买衣服还频繁，让人想到花花公子老板海夫纳年轻时的样子。韦纳常在好莱坞及迈阿密的房子里举办五光十色的派对，还在里面拍摄名模养眼的比基尼照片。对某些美国男性而言，我是指那些会看男性杂志的人，韦纳是梦寐以求的成功代表——出手阔绰，又有名模相伴左右。他的形象刚好是胡安·瓦尔德兹这类朴实平民的对立面。

韦纳的成功得来不易。2000年时他已30岁，且已在加州众议会竞选两轮，却连续失利。他跟父亲迈克尔·萨维奇（Michael Savage）一同创办了立场保守的"保罗·列维尔社"（Paul Revere Society，列维尔是美国独立战争的重要功臣）。萨维奇本来是个民族植物学家，后来变成辛辣的广播主持人。韦纳搞政治时默默无名，也曾于芝加哥钻研健康食物及草药，接着协助加利福尼亚州的企业家研发减糖的可乐饮料，但结果不如人意。不过韦纳还有锦囊妙计。注意到红牛的成功后，韦纳在2011年推出摇滚巨星能量饮料。

在巨星公司的创办前期，韦纳对于自己的保守立场直言不讳。虽然他的鲁莽冲动后来稍趋和缓，该公司还是因为其父萨维奇明显的反同志态度而遭到同志族群抵制。尽管如此，韦纳还是奋力地将巨星饮料推到主流市场。他在2009年放弃让可口可乐公司经销，转投百事可乐。而到2010年，巨星公司的营业额提升20%，达到4400万箱产品的销售量。（若仔细算，其中夹带了175000磅赋予饮料能量的苦涩的白粉末。）如同怪兽及红牛一样，摇滚巨星跟进成为数10亿身价的品牌。

回到食品药品监督管理局在2012年的那封信。他们要求巨星公司重新标示自家的能量饮料，就像传统食品一样，并将银杏萃取物从配方中移除。同年7月，食品药品监督管理局代表来到生产工厂监督该公司销毁剩余的含银杏产品，部分已装瓶的产品则可以出口销售。但整件事直到12月才尘埃落定。

2012年12月5日，差不多是我在马里兰州食品药品监督管理局食品安全与应用营养中心访问卡尔森之后整整一年，她出席了一场会议，讨论的主题是摇滚巨星的咖啡风味能量饮料，食品药品监督管理局非常关注这类产品。摇滚巨星派出三个人为自家发声：海曼、菲尔普与迈克尔·纳马拉（Hyman, Phelps & McNamara）法律事务所的里卡德·卡瓦哈尔与黛安·麦科尔，该事务所号称是全国规模最大的食品及药物法律事务所；来自加拿大、代表跨国产品测试公司天祥集团（Intertek Cantox）出席的拉里·麦克吉尔。不过对手这边派出了更多人参战。鉴于食品药品监督管理局越来越关注能量饮料，至少15名食品药品监督管理局的法规专家、科学家及检察官亲自或通过电话会议的方式出席。最后，摇滚巨星公司同意将自家能量饮料标示为食品，而非营养补充品。几个月之后，怪兽公司也妥协了。

这段日子，能量饮料厂商承受的压力与日俱增。

2012年夏天，纽约州的检察总长埃里克·施奈德曼（Eric Schneiderman）对怪兽公司、5小时能量饮料及百事可乐公司（生产Amp产品）寄出传票。施奈德曼搜查到相关信息，这几家公司涉及标示不实及诈欺，还有消费者要求赔偿。

食品药品监督管理局的法规处副处长珍妮·爱尔兰在8月针对德宾的疑虑回复了5页长的信，大意是她已着手处理。信中提到如何从原则上区分食品及营养补充品，以及食品药品监督管理局对摇滚巨星的老板韦纳发出的警告，还提到一件逐渐受到关注的死亡意外。

"最后，向你报告一则最新的消息，是有关阿内丝·弗尼尔小姐的意外身亡。就像我们的委员汉堡在2012年5月16日写给你的信中提到的一样，食品药品监督管理局确实收到了怪兽能量饮料经销商回报的严重不良事件报告。"爱尔兰在信中写道，"另外，我们也收到弗尼尔的家人主动通报的不良事件报告。"

食品药品监督管理局的食品安全与应用营养中心负责收集消费者主动提报的不良事件报告。这样的做法其实有漏洞。首先，根据食品药品监督管理局所述："这只能反映消费者有通报的事件，不能代表食品药品监督管理局已做出结论，判断该产品真的是事件的主因。"

来自马里兰州黑格斯敦市的弗尼尔是位14岁的女孩，她在2011年12月16日喝下24盎司的怪兽能量饮料。隔天晚上，她跟朋友来到黑格斯敦市的河谷购物中心，喝了另一罐从糖果店购买的24盎司怪兽能量饮料。每一罐能量饮料约含有240毫克咖啡因（3份SCAD）。这些24盎司装的怪兽能量饮料就像巨型炸药。其中一个螺旋瓶盖的产品叫做"百万怪兽能量饮料"（Mega Monster Energy），另一个则是常见的易拉罐，称作"怪兽能量饮料BFC"，青少年都知道那是更为强烈的兴奋饮料。

离开商场几小时后，弗尼尔在家中与家人一同观赏电影，接着她突然间心脏病发，然后昏迷不醒。医师在医院用药让弗尼尔维持昏迷状态。6天后在约翰霍普金斯大学附设医院，医师撤除了她身上的维生设备，让弗尼尔离开人世。验尸官在报告中将死因逐条列出来，"咖啡因中毒导致心律不齐，合并埃勒斯—丹洛斯（Ehlers-Danlos）症候群的二尖瓣功能失调"。

这并不是第一个与能量饮料直接相关的死亡案例。多伦多青少年布赖恩·谢泼德在2008年饮用红牛后过世，安东尼奥·哈塞尔（Antonio

Hassell）在2010年于曼非斯市喝完5小时能量饮料后过世，这些事件都曾占据媒体版面。但弗尼尔的死吸引了更多人注意，可能是因为她还是个少女，也可能是因为能量饮料当时已受到更多监督，却仍发生了这个悲剧。

2012年11月，在《纽约时报》开始报道与能量饮料相关的不良事件后，食品药品监督管理局公布了一份追踪长达8年的不良事件通报列表，其中涉及的产品包括怪兽、摇滚巨星及5小时能量饮料。名单洋洋洒洒共计93起事件，看起来非常可怕，其中更包含13起死亡事件。我们仍然无法得知能量饮料产品是否导致这些生命的丧失，不过这份名单激起了民众的恐慌，迫使食品药品监督管理局重启调查。

这起不良事件通报开头有一份统计表，上面有食品药品监督管理局提出的警告："在使用任何标示为能量饮料的产品之前，食品药品监督管理局建议消费者先与医疗人员沟通讨论。"这个举动有点刻意，甚至有些表演过头，否则食品药品监督管理局为何没有建议民众在饮用可乐或咖啡前要先咨询医师呢？

难解的健康问题

能量饮料导致的健康问题至今仍难解。咖啡因的药效没有可卡因来得猛烈，后者在从没使用过的人身上只要一克就能致命。但咖啡因的效果也不弱。一般认为，对成人来说，大约一茶匙，也就是10克咖啡因，就可达致死剂量。有些人则认为上述一半的剂量就能致死。不过要摄取到此剂量没那么容易。要得到5克咖啡因，一个成年人需要一次猛喝大约16杯16盎司的星巴克咖啡，或喝下100杯茶。更新一点的产品中含有高剂量的咖啡因，更容易达到过量标准，但还是没那么容易。大部分的成人需要牛饮下20~40罐摇滚巨星双倍能量饮料（Rockstar 2X Energy，每罐含250毫克咖啡因）才可能达到这个剂量。

我们任何人最后都会摄取比一开始预期还多的咖啡因，也可能感受过心跳加速及其他不舒服的感觉。一位喝完浓缩能量饮料的男子告诉我："我觉得自己快要心脏病发了。"你也可能会有这样的感觉，不过稍多一点咖啡因其实不大可能对你的心脏造成伤害。

心律不齐是种会让心跳过快、过慢或不规则的疾患。就算已合并有心律不齐，咖啡因对心脏造成的伤害仍微乎其微。一篇2011年发表在《美国医学期刊》（*The American Journal of Medicine*）的文献回顾也重申，患者不用对此过度顾虑。"目前可得的数据其实互相矛盾，因此临床医师给心律不齐患者提供咖啡因摄取建议时，还是会有所保留。"丹尼尔·佩尔霍维茨及戈德柏格写道，"临床上常见的观念是，有心律不齐风险的患者，应该限制咖啡因摄取。然而，目前仍没有证据能完全支持这个想法。"

作者总结："对大部分已知或怀疑有心律不齐的患者，中等剂量的咖啡因还在容许范围内，因此没有理由过度限制咖啡因的摄取。"不过我们仍然可以对这样的结果持保留态度。首先，戈德伯格同时是红牛公司的顾问。另外，一般人都感觉服用咖啡因后对心脏会有强烈的影响。姑且不论相关研究结论为何，对大部分人来说，对于适量使用咖啡因与心脏疾病有何关联，临床医师还无法找到线索。最新的研究显示，遗传倾向上咖啡因代谢较慢的群体中，咖啡因跟非致命的心脏病发之间有关联性。

其他的健康疑虑则没有那么严重，但涉及的人数更多。一份2011年的报告显示，与能量饮料相关的急诊室看诊量在2005~2009年上升了10倍。该报告在2013年更新数据，急诊室的挂号人次在2007年为10068次，2011年则上升两倍，达到20783次。跟女性相比，男性比较容易因饮用相关产品而出问题，其中18~25岁的群体占多数。这些数据来自联邦药物滥用警示通报系统（Drug Abuse Warning Network）。研究人员发现，这些到急诊室挂号的个案大部分都只饮用了能量饮料，但还是有不少个案是合并其他药物使用：27%合并药品（其中1/3为中枢神经兴奋剂，像是利他能和阿德里尔〔Adderall〕）；13%合并酒精（这就是四洛克当前造成的问题）；5%合并大麻。

怪兽公司很快地发布新闻稿给予响应："研究人员有误导之嫌，不该将能量饮料中的咖啡因拿来和一杯5盎司的咖啡相比。市面上销售的咖啡大多超过5盎司，且含有与能量饮料相近的咖啡因剂量。许多产品甚至还含有高于能量饮料的咖啡因。事实上，首屈一指的咖啡连锁品牌中，其咖啡每盎司通常含有超过20毫克咖啡因，也就是一杯中杯16盎司的咖啡含有至少320毫克咖啡因。"新闻稿上还印着荧光绿色的爪印商标。

怪兽公司也许夸大了现煮咖啡的咖啡因剂量，但那也只是想转移焦点。真要谈到咖啡因，我们可以有把握地说，假如240毫克的咖啡因剂量可杀死一个人（不多不少就是弗尼尔摄取的剂量），星巴克早就会涉及几起死亡意外，星家卖的12盎司及16盎司咖啡就差不多有那个剂量。在能量饮料让人提心吊胆的8年间，食品药品监督管理局接到41件涉及星巴克咖啡的不良事件通报（同时期5小时能量饮料有93件，而怪兽能量饮料占了40件），当中只有少数个案需要送到急诊室。然而，其中一份报告详细描述了一起因心脏病发必须住院的案例，听起来十分骇人：快速型心律不齐、血中咖啡因浓度上升、心肌酵素增加、心肌旋转蛋白I上升、心肌梗死。

所以，到底是什么导致弗尼尔的死亡？我们又要如何解释其他与能量饮料相关的健康问题呢？

首先，我们要知道医师常说的"两者确实发生，但只是碰巧同时"。某人在喝完能量饮料之后出现心脏问题，两件事都确实发生，但是前者导致后者吗？还是说两件事完全无关呢？若我们认为这两者有关，就很容易导致医学上所说的确定性偏差或取样偏差。当数据中一个次群组出现的频率过高时，上述偏差就会出现，进而影响结论判断。以咖啡因为例，相比喝完咖啡后心脏病发，喝完能量饮料后心脏病发的人，我们比较会联想到两者有关。这种联想可以当成初步的解释。但在弗尼尔的案例中，验尸官在报告中却将咖啡因中毒列在死因栏。

另一个骇人但发生几率极小的可能性，是能量饮料中的某些成分在合并咖啡因饮用时会具有毒性。草麻（ephedra）就有这个问题。科学家表示，目前仍需要更多研究，但些许迹象指出，咖啡因之外，能量饮料中还有其他成分会影响健康。

另有数据提到，过度使用能量饮料会导致某些人中风或癫痫。两位亚利桑那州的神经内科医师报告说，有4位病患在饮用重度咖啡因能量饮料后发生癫痫。一位男子在空腹的情况下，快速灌下两罐24盎司的摇滚巨星能量饮料，接着癫痫发作；一位女士喝下24盎司怪兽能量饮料，同时服用以咖啡因为主的减肥药，之后也被送到急诊室。这些个案在没有接触能量饮料时都平安无事。"这些病患在戒除能量饮料之后，就再也没有出现过癫痫发作。"医师在报告中写道，"我们的假设是，大量饮用富含咖啡因、牛磺酸及瓜拉纳种子萃取物的能量饮料，可能会诱发癫痫。"意大利及土耳其也有饮用能量饮料后出现癫痫的个案。

另一个怪异的个案是在澳大利亚。一位28岁的个案在一整天的越野机车赛中不断狂饮红牛饮料，之后发生心肌梗死。他在7小时内喝下7~8罐红牛饮料。这量听起来很多，不过实际上只有640毫克咖啡因，只大约占了致死剂量的1/10。报告作者表示，在从事大消耗运动时，同时服用咖啡因及牛磺酸，可能会导致严重的心脏病发。

有一组律师团在2012年10月17日在加州的河滨郡高等法院提起民事诉讼。案件标题为："温迪·克罗斯兰及理查德·弗尼尔起诉怪兽能量饮料公司，两人代表自己，同时也是阿内丝·弗尼尔的双亲"。

该案包含7份诉状，其中包括管理疏失及过失致死。控方要传达给大众的是："被告在销售怪兽能量饮料时，其设计、生产、营销、经销、注明警语等方面都有疏失，直接导致阿内丝·弗尼尔心律不齐，并最终造成她的死亡。"

律师发出新闻稿，引述阿内丝母亲的话："令人错愕的是，食品药品监督管理局虽然限制了罐装汽水里的咖啡因，却放任能量饮料为所欲为。"克罗斯兰说："怪兽、摇滚巨星、火力全开……这些饮料的名称光鲜亮丽，专门卖给青少年，却没有相关单位监督或负全责。这些饮料是年轻族群的死亡陷阱，其中包括发育中的男孩女孩，就像我的阿内丝。"

同时间国会还有两个听证会，一个是桑迪飓风灾变，其次是美国驻联合国大使苏珊·赖斯在美国利比亚大使馆恐怖袭击事件中所扮演的角色。在这两大事件的夹缝中，德宾及里查德·布卢门塔尔（Richard Blumenthal）参议员仍在11月15日大力提倡要有更好的法律规范管理能量饮料产业，并提到弗尼尔事件。

怪兽公司以一份新闻稿作为响应，质疑相关医疗证据。他们声称阿内丝平常就习惯饮用能量饮料及星巴克的咖啡。解剖报告指出咖啡因中毒为死因，这个结论是根据阿内丝母亲的证词，也就是女儿喝了一罐能量饮料。除此之外，医院没有进行任何血液检查。公司方还将该个案的心脏状况逐条列出来，包括埃勒斯—丹洛斯症候群、壁内冠状动脉血管壁增厚以及心肌纤维化。

姑且不论其他影响，弗尼尔事件已造成怪兽公司全面的公关灾难。许多连带的问题也跟着同时出现。2012年春天，投资者开始怀疑此上市公司的股价是否被高估了。同年4月，《华尔街日报》报道可口可乐公司正进行协商，打算收购怪兽公司；可口可乐在某些地区已经是怪兽的经销商了。根据其他媒体所述，此篇报道一出，怪兽的股价大涨，可口可乐于是打了退堂鼓。

同年夏天，某些对冲基金如噬血的鲨鱼，准备下手，并委托康涅狄格州的代理研究机构（Alternative Research Services）进行调查。研究员罗伯特·麦克阿瑟（Robert MacArthur）——核对所有目前可得的对能量饮料不利的信息，随后寄出一份正规的研究报告。

投资者当然变得越发小心翼翼。同年11月初的第三季损益会议里，怪兽公司的罗德尼·萨克斯把焦点放在饮料的安全问题与相关法规上，甚至进一步谈到最关键的标示问题："近来媒体注意力都放在另一个面向，也就是怪兽能量饮为何被标示为营养补给品，而不是食品。但就我们的产品来看，标示纯粹只是宣传问题而已。只要大家愿意，当然可以改标签，把怪兽能量饮料当成食品卖。"

萨克斯以咖啡做模拟，告诉投资者："一罐16盎司怪兽能量饮料的咖啡因，只有一杯店里现煮的16盎司咖啡的一半。至于24盎司的怪兽能量饮料，所有成分加起来含有240毫克咖啡因，也比常见的一杯16盎司咖啡少了30%……就算是美国随处可得的特大号山露汽水，一罐也有234毫克咖啡因。"萨克斯也有好消息要告诉大家：第三季的销售总额已创下纪录，达到63200万美元。

怪兽能量饮料公司2013年5月于法庭上棋逢敌手。这一轮，旧金山的律师丹尼斯·埃雷拉控告怪兽公司背信、诈欺及从事非法交易。埃雷拉列出了几项疑虑，指出咖啡因会影响健康。他表示，怪兽公司广告不实，号称配方带来"能量"，其实那全部都是咖啡因带来的效果。最严重的是，怪兽公司居然把饮料卖给青少年。"青少年饮用能量饮料非常危险，怪兽公司也将相关风险标示在产品的警告卷标上。即便如此，该公司却仍大肆将产品推销给儿童及青少年，除了赞助各大年轻人喜爱的运动赛事，还在怪物军团（Monster Army）网站上醒目地介绍许多6~16岁的年轻人。"控方明确指出，"怪兽公司还针对孩童及青少年推广专属的'生活风格'，包括极限运动、音乐、计算机游戏、军事主题，甚至还有衣着暴露的'怪兽女孩'。该公司锁定目标客群，大力营销，马上就见到效果。年轻人都很喜欢这款产品，当然也经常购买饮用。"

美国医学会（American Medical Association）在2013年6月也注意到能量饮料销售的问题。在一次政策制定会议上，美国医学会表态说，厂商不得将高刺激性与高咖啡因饮料卖给18岁以下的青少年。

针对这部分，怪兽公司聘请了一位鲍伯·阿诺医生来替他们做宣传。鲍伯热爱健身，有"运动医师"的称号，曾担任CBS及NBC的医疗特派员，主持过有线电视节目《危险医师》（*Dr. Danger*），还撰写过健康丛书。

更受欢迎的能量饮料

在怪兽公司备受舆论压力之时，能量饮料阵营也把矛头转向咖啡产业。不过就此可以发现，能量饮料确实超越了咖啡，在特定的统计群体里成为更受欢迎的咖啡因来源。

哈里斯·里伯曼跟同事在2007年开始调查现役军人的咖啡因使用情况，非常好奇结果会是什么。几个世代以来，咖啡因跟军人密不可分。一份1896年的报告指出："除了少数人以外，大部分美国军人都会喝咖啡。"不过世事难料，说变就变。

里伯曼的团队在9个美国基地及两个海外驻点调查了990位士兵。研究员会询问个案是否有使用数十种含咖啡因产品中的任一种，另外还会询问43个问题来了解士兵的出身背景及饮食习惯。

部分结果并不让人讶异。举例来说，82%的士兵每天至少会使用一种含咖啡因产品。这也是我们预期大部分美国成人的使用量。而在规律使用咖啡因的群体中，男性平均每天摄取365毫克（接近5份SCAD），女性为216毫克（约为3份SCAD）。

在软性饮料之外，咖啡仍是最常见的咖啡因传递机制。至此，热茶仍是小众市场，相比之下，瓶装茶类的受欢迎程度是热茶的两倍。报告提到："不论性别，咖啡是最多的单一咖啡因摄取来源。在规律使用咖啡因的两性当中，能量饮料位居第二，而男性的摄取量为女性的4倍。"

有趣的事来了。男性跟女性士兵最常喝的是汽水，而非能量饮料。但整体而言，男性更倾向从能量饮料中获取咖啡因。（这点并不让人讶异，能量饮厂商特别针对男性群体做宣传，摄取量当然比女性多。比基尼女模、运动比赛以及重金属音乐都是男性市场的宣传元素。）里伯曼在研究中还发现，能量饮料的摄取量在某一群体中已超越咖啡。年长些的士兵还是常喝咖啡，摄取的咖啡因仍比年轻士兵多。不过，18~20岁之间的年轻男性士兵更会从能量饮料中获取咖啡因。

虽然有人坚持能量饮料无法取代咖啡，但上述研究提出反证，对于某些美国人来说，能量饮料已经是首要的咖啡因来源。

第十五章　摊牌的时刻到了

安全性调查

2013年5月1号，数间食品业者为了食品与兽医用药等相关问题，共同派出一个代表团匆忙拜访美国食品药品监督管理局副局长迈克尔·泰勒（Micharl Taylor）。此代表团成员包括来自箭牌公司的凯西·凯勒（Casey Keller），以及拥有箭牌的全球食品业大亨玛氏食品的布拉德·菲格尔（Brad Figel）、马提亚斯·贝尔宁格（Matthias Berninger）、约翰·路德克（John Luedke）等人。来自巴顿·伯格斯（Patton Boggs）法律暨游说公司的斯图尔特·帕佩（Stuart Pape）拥有多年的经验，经常代表无酒精饮料公司处理与食品药品监督管理局之间的相关事宜。

然而，这些代表团成员看起来忧心忡忡。数日前，4月29日，副局长泰勒公开宣布，食品药品监督管理局将着手调查在食品中添加咖啡因的安全性问题，这是自1980年之后的首开先例。泰勒在他的报告中指出：
"食品药品监督管理局唯一一次明确同意食品当中可添加咖啡因，是在
20世纪50年代针对可乐饮品所制定的。然而时至今日，大环境已改变许
多。在今天，儿童与青少年有许多机会接触到含有咖啡因的食品，而这
些食品并非原本就带有天然咖啡因，食品药品监督管理局当初修法允许
可乐含有咖啡因，亦未预期到这类食品的出现。"

　　令人意外的是，促使食品药品监督管理局最终决定采取此行动的食
品并不是那些较为浓烈的能量饮料，也不是勒布朗·詹姆斯所代言的能
量口含片，甚至不是喜剧演员杰里·宋菲尔德（Jerry Seinfeld）取笑的5小
时能量饮料。（他开玩笑说，那就像土法炼钢的毒贩混合夏威夷果汁〔
Hawaiian Punch〕跟果冻调出来的饮料。）反而是口香糖令食品药品监督
管理局忍无可忍。

　　4月，箭牌公司推出了"提神能量咖啡因口香糖"（Alert Energy
Caffeine）。箭牌的营销手法很好，产品也获得了相当程度的关注。该产
品主打的客群为咖啡因重度使用者，并且与7-Eleven超商合作在报纸《今
日美国》上共同推出广告："为您提供两种新方式提振精神，获得一整天
的精力。来一趟7-Eleven买一杯低脂海盐焦糖摩卡，您将获得一包免费的
提神能量咖啡因口香糖"。

　　这并非市面上首次出现含咖啡因口香糖，2004年曾有过类似产品
"震动口香糖"（Jolt Gum）。到了2013年，一般百姓也买得到与军方配
方相同的"保持警觉口香糖"。（当箭牌推出其他类似产品时，该产品
即更名为"军用能量口香糖"〔Military Energy Gum〕）。另外，"爪哇口
香糖"（Java Gum）的广告则强调怪兽能量饮料的安全疑虑：别担心，我
们的产品不是怪兽。

含咖啡因口香糖的另一个问题来自于该产品容易和无毒食品造成混淆。在2011年5月，南非一间小学里发生意外，超过600名学生在吃了"闪电牌咖啡因能量口香糖"（Blitz Caffeine Energy Gum）之后感到身体不适。这些口香糖的来源是学校附近的一处农场，因为保存期限已过，所以被堆放在那里。

无论如何，最后促使食品药品监督管理局采取相关行动的正是口香糖。副局长泰勒在某个星期一发出声明，两天后，箭牌与玛氏食品的代表团随即前往拜访泰勒。一星期后的5月8日，箭牌宣布将该产品全面下架。

箭牌发表以下声明："在与食品药品监督管理局讨论过后，本公司完全理解当局关心美国食品中咖啡因含量激增的相关问题，我们同意食品管理制度必须改进，以指引消费者与食品业者去认识咖啡因制品的合理分量与使用方式。为了努力达成此目的，并且尊重食品药品监督管理局的专业，本公司即刻停止生产、营销与销售清醒口香糖。"

泰勒相当赞许这项决定，他表示："我们希望其他的食品业者也能展现相同的自制能力。"

然而，在咖啡因相关的食品产业中，并未出现太多类似的自制行为。事情没那么顺利，食品药品监督管理局试图亡羊补牢，但各家厂商却游走在法律的灰色地带恣意销售。当局很难管控咖啡因相关食品，坦白说，将挤出的牙膏塞回包装软管还更容易些。

当然，相关的食品业者还是很关心食品药品监督管理局提出的新方案。在箭牌公司将口香糖产品下架后的两个星期，又有另外一个食品业者代表团前往拜见泰勒。美国饮料协会派遣了5人代表团：吉姆·麦克格雷维、特蕾西·哈利德、苏珊·尼利、帕蒂·沃恩以及迪克·亚当森。玛式食品的戴维·卡梅内茨基亦现身其中，而前面提到过的法律公司代表斯图尔特·佩普也一同出席。尽管副局长泰勒并未公开将软性饮料列为此次调查对象，美国饮料协会还是主动出击，代表各大能量饮料业者前来拜访，包含怪兽、红牛、摇滚巨星等。代表团也替可口可乐与百事可乐两家企业发声，前者是怪兽的经销商，并且生产自有品牌的两种能量饮料NOS与"火力全开"；后者则代销摇滚巨星与生产Amp能量饮料。当然，美国饮料协会必定会密切关注咖啡因粉的相关管理政策，因为当中多家企业每年必须使用数百万磅的相关原料。

在箭牌公司将口香糖下架后的一个月，同时也是美国饮料协会代表团大队人马挤满泰勒办公室的数周后，我前往位于马里兰州的食品药品监督管理局白橡树园区拜访泰勒本人。副局长相当友善而务实，他告诉我他有两项关注重点，首先，新近市场上流行的众多能量食品已经打破了往日政府对咖啡因食品的既有政策，该类产品完全迥异于传统的咖啡、茶与巧克力等饮料。其次，在销售过程中，食品业者明目张胆地回避了食品添加物的相关规范。

泰勒表示："在情况继续恶化下去之前，我们必须从公众健康与保护消费者等立场去质疑业者的做法。"

我向泰勒提到，红牛能量饮料可说是在市场上首开先例，获得了基本消费群，之后模仿者与后继者便纷纷涌入市场。泰勒也同意这种情况可谓与日俱增。他说到，食品业者可以坚称能量饮料其实是属于软性饮料或非营养补给品，而只是稍微增加了咖啡因含量而已。他指出："起先，我们看到金宝汤公司（Campbell's）推出了一种带有咖啡因的健康营养补给产品V8综合饮料，这还不要紧，因为该产品的主打目标消费者并非儿童。但接下来，我们发现在非流质食品上也出现了带有咖啡因的产品，然后就看到市场上出现了类似MiO能量滴剂等各种形式的含咖啡因食品，紧接着就发生在口香糖身上。"

泰勒解释了前述内容令我感到困惑的地方。既然含咖啡因的口香糖并非首次出现在市场上，最终它为什么促使食品药品监督管理局采取相关行动呢？他说部分原因是市场规模的问题。泰勒告诉我："我们见识到了食品种类划分上的重大转变，刚开始只是某些边缘化的小规模制造商这样做，但后来却演变成国内几个最具代表性的大企业在进行这些决策。我们所关心的是，我们必须让这类发展暂缓脚步，以确保我们是站在一个安全的立足点上去思考我们正在做出的改变。"正因为如此，如果只有某间新泽西地区的小公司在生产名为"震动"的含咖啡因口香糖，所造成的影响将远不及某个类似箭牌之类的国际大品牌销售这类产品。

泰勒指出，某些新产品即便不是典型的能量饮料，也会对现有体制造成某种管理上的挑战。这趟来访，我从一个店家买来了一整袋咖啡因传递机制，将它们分开摆放在我面前的小桌上。其中之一是个顶端有挤压洞口的小塑料瓶，看起来有点像用来彩绘复活节彩蛋的人工色素。这瓶东西其实是大型食品公司卡夫所生产的"MiO能量饮料"。该公司在媒体上如此宣传该项液态增能产品："当你将MiO加入水中时，它会产生缤纷的色彩漩涡，同时会自动制作出一杯美味可口的个性化饮品……MiO能量饮料则是全新的MiO系列产品，添加了维生素B群，每8盎司饮品中含有60毫克的咖啡因，此剂量大约等同一杯6盎司咖啡所带有的咖啡因含量。"卡夫所推出的电视广告称此项产品为"悉听尊便的携带式能量补给"。

基本上，MiO就是一坨咖啡粉与人工香精的结合，一种浓缩后的化学混杂物。一瓶1.08盎司的饮料中含有720毫克的咖啡因（几乎等同10份SCAD）。此产品相当新颖且方便，直接饮用时亦相当可口。实际上，这种化学香精与咖啡因的混合物近似于一瓶超浓缩的健怡饮料。但在1985年食品药品监督管理局制定食品当中的咖啡因含量标准时，并未预期到这类产品的出现。当然，对任何消费者来说，可以在一瓶饮料中摄取所有上述元素是相当方便的事情，甚至有许多儿童会将一分钟之内喝完这种饮料的影片上传到网络上（从他们的脸部表情中可以判断出，这项挑战的目的之一是对浓缩酸味的忍受度）。

正视问题

正当泰勒宣布食品药品监督管理局要对食品咖啡因含量进行检讨时，发生了一件事情。美国精神病理学会轰动一时地推出了2013年版本的精神疾病诊断与统计手册。该版本新增了对咖啡因戒断症状的诊断内容，这是罗兰·葛瑞菲斯长期以来对国会进行游说的成果（详见本书第五章），而这在媒体报道中掀起了一阵波澜。某家媒体下了这样的标题：咖啡因戒断将造成精神疾患。有些人只将这些报道当做有趣的话题，但还有更多的报道详尽检视了各种咖啡因戒断症状，以及如何应对。一夕之间，咖啡因的问题似乎得到了迟来的公众重视。

与此同时，有一些隐约的证据显示出，软性饮品的企业主们似乎开始（缓慢且不肯定地）承认了咖啡因在其产品中所扮演的重要性。或者，他们至少承认了其所生产的含咖啡因产品具有一定的刺激性。箭牌公司值得赞许，主动将"咖啡因"字样印在"提神能量咖啡因口香糖"

的包装正面，然而后来的销售数字却相当难看。2013年上半年，百事公司推出"快启"（Kickstart）饮品。百事公司资深副总裁格雷戈·莱昂丝（Greg Lyons）将该产品称为"闪耀的果汁饮品"，并且宣称"我们的顾客们表示希望能够找到一种传统晨间饮料的代替品，一种品尝起来味道甜美、带有真正果粒的果汁，并且拥有含量精准的刺激物，以帮助他们展开一天的生活"。

值得注意的是，百事公司并未隐瞒快启的咖啡因含量，还将"咖啡因"直接印在产品正面的明显位置，旁边就是5%果汁含量的字样。每罐16盎司的快启含有92毫克的咖啡因。当然，这并不是随意决定的含量。如同百事极度饮品一样，百事公司精确地将快启中的咖啡因剂量控制在低于食品药品监督管理局规定的万分之二的标准。

百事公司直接将"咖啡因"字样印在商品标签上这样的做法似乎象征着某种细微但重要的转变，也许与能量饮品所带来的与日俱增的收益有关，但至少让咖啡因的问题被摊在阳光底下。

在2012年的股东大会上，百事公司CFO休·乔斯顿（Hugh Johnston）详细说明了公司的"能量产品策略"。他提到，星巴克的"果味冰饮"是能量饮料市场的生力军，百事也会更努力推销自家的Amp以及代销的摇滚巨星能量饮。（星巴克与百事于1994年结盟，通过百事的网点销售星巴克罐装饮品。）乔斯顿在会场上明确地将含咖啡因的软性饮料划为能量饮品，这是公司过去所不愿接受的分类。乔斯顿还认为，百事公司以前推出的山露汽水实际上"在许多方面都可被视为能量饮品的始祖"。这项发言大大改变了该公司自20世纪80年代以来对自家产品的界定，其实早期的山露汽水含有的咖啡因剂量与今日相同，但该公司过去都宣称内含的咖啡因只是香料而已。

百事公司多年以来持续尝试推出新的含咖啡因饮品，但都没有获得巨大回响。该公司在1996年推出创新的能量饮品乔斯塔（Josta），使用从瓜拉纳中提炼出的咖啡因，但在1999年便停止销售。百事公司生产的罐装卡娜咖啡也在20世纪90年代中期停产。

但到了2012年，百事公司在能量饮品市场上获得了成功。该公司宣布旗下的三款饮品皆突破10亿美元的销售额。健怡山露汽水、轻灵冰茶（Brisk iced tea）与星巴克罐装饮品为百事公司带来22亿美元的获益。这三种新产品都拥有一个共通点：咖啡因。这些产品大受欢迎。百事公司旗下收益超过上亿美元的品牌还包括百事可乐、健怡百事可乐、百事极度、山露汽水与立顿。

而可口可乐公司旗下也有好几个超过上亿营收的品牌，使该公司在2012年达到48亿美元的营业额，其中包含许多含咖啡因商品：可口可乐、健怡可口可乐、零度可口可乐以及在日本地区所推出的绫鹰罐装茶与佐治亚罐装咖啡。而可口可乐公司也开始打破以往的沉默，逐渐承认咖啡因可能对人造成的身心影响。该公司在其所推出的果粒橙元气果汁（Minute Maid Enhanced Juice）标签上注明："每罐含有37～43毫克的天然咖啡因，为您提升精力。"同样，这打破了该公司传统上长期以来对其产品的成分界定。该公司推出的可口可乐每12盎司含有34毫克的咖啡因，而健怡可口可乐每12盎司则含有46毫克的咖啡因，但在过往，可口可乐公司宣称这些咖啡因含量顶多都只是为饮品增添风味而已。

到了2013年，可口可乐公司在官网上放了一段影片，内容是桑德拉·弗里霍夫医师对兴奋剂的深入探讨："使用少许咖啡因是无害的，它能帮助你快速清醒，增强你的注意力。但若使用过量的咖啡因将造成精神焦虑、紧张、睡眠障碍、血压升高、心悸以及肌肉颤抖，等等。"

可口可乐公司通过这支影片清楚地传达出公司的立场，对于包含能量饮料可能会对年轻群体造成的影响，弗里霍夫医师在影片中说明，4~12岁的儿童每天不应摄取超过45~85毫克的咖啡因（但这其实已经是极大的摄取量，一个45磅〔约合20公斤〕重的6岁儿童若摄取75毫克的咖啡因，将等同一个180磅〔约合82公斤〕重的成年人吃下四份的SCAD）。弗里霍夫医师总结道："但有件事情是再清楚不过了：过高含量的咖啡因能量饮品不应列入青少年与儿童的饮食清单。"

混淆视线

回到食品药品监督管理局，我从带来的袋子中取出另一罐咖啡饮品给泰勒看，那是由星巴克公司所推出的一种怪异合成物：果味冰饮。

星巴克公司是当代极为出色的咖啡推销者。该公司发展出了国际性知名品牌、广大的咖啡销售网络以及销售量增长迅速的罐装咖啡饮品。该公司也进军茶饮料市场，开发出泰舒茶包与茶瓦那茶吧（Teavana，该公司在2012年后期为它投入了62亿美元）。星巴克在各大超市大量销售烘焙后磨成粉状的咖啡速溶包，并且以袋装与罐装等方式推出较低价位的西雅图极品咖啡（Seattle's Best Coffee）。星巴克更发展出了其自有专卖的咖啡胶囊；到了2013年，星巴克在门市以199美元的价格销售Verismo胶囊咖啡机，随机附赠4盒咖啡胶囊。

同时，在其知名的深焙咖啡以外，星巴克店内销售的咖啡饮品也持续推陈出新。以往，深焙咖啡（甚至是过度深焙的咖啡）使星巴克公司远近驰名，更让星巴克公司被人们昵称为"焦巴克"（Charbucks）。而在推陈出新的过程中，星巴克首先推出名为"派克市场"的中度烘焙咖啡。接着，该公司推出一款更为浅焙的咖啡，风味温和到似乎只是为了添加糖与奶油而冲煮的咖啡基底。你应该会同意这种看法，尤其在看过星巴克的广告后："为了萃取出咖啡的温和香味，星巴克大大缩短烘焙时间，推出黄金烘焙咖啡豆，创造出优质、高接受度、完美平衡的淡味咖啡，加上糖与奶油后的风味更佳协调。"为了让饮品更加香甜，星巴克开始提供预先调配好的香草黄金咖啡，也就是混合着香草糖浆的浅焙咖啡。

让人跌破眼镜的是，星巴克开始销售速溶咖啡，准备以此打入热门的单分量咖啡市场。该公司描述其速溶咖啡Via为"自然烘焙的超威细研磨速溶咖啡"，风味迷人且雅俗共赏。广告词用上了所有星巴克描述自家咖啡的华丽辞藻："原豆产自哥伦比亚丰饶的火山泥地，这款咖啡就如同乡村景致般富有独特风味。星巴克的VIA Ready Brew免煮哥伦比亚咖啡能够满足你的味蕾，带来生动的口感与鲜明的坚果香味，而且是速溶的。"这不仅是说说而已，星巴克似乎真的做到降低了（而不是完全消除）速溶咖啡中的特有酸味。（有个咖啡达人跟我形容那味道就像呕吐物，这比喻很恶心但很贴切。）

Via的营销相当成功，你甚至可以在中国地区买到这款产品，上面还有中文标签。而这使得星巴克公司于2012年开始在佐治亚州的奥古斯塔搭建18万平方英尺（约合1.67万平方米）的厂房，每年能快速生产4000吨的速溶咖啡。想象一下，每一包速溶咖啡的重量不过3.3克，那个厂房每年将能够生产出超过一亿份的速溶咖啡，每一包的零售价将近一美元。（我们只能希望这样的售价会让奥古斯塔地区的大饭店愿意提供较为香浓的咖啡，而不是那种类似1859年给鸦片酊上瘾者随时饮用的"超平淡饮品"。）

接下来，星巴克公司从单份包装的咖啡产品扩展到能量饮料市场。该公司在2012年开始销售的果味冰饮能量饮品采用明亮色彩的外包装罐。对比怪兽饮品所使用的炫目爪形商标，果味冰饮的外观设计似乎锁定在女性消费市场。如同前述的罐装咖啡，星巴克亦与百事公司合作生产果味饮。

为了推销果味冰饮，星巴克的广告词如下：星巴克所推出的果味冰饮在咖啡市场中是一项全新改革，我们突破了旧有的咖啡制作流程，采用环保的咖啡萃取方式，除了解渴以外，还能享受到美味且低卡路里的能量补给，借由果汁与咖啡因等元素帮您提升天然能量。并且，有鉴于该公司向来销售浓烈的深焙咖啡，针对果味冰饮，星巴克公司竟然做出了一项有违常规的允诺。星巴克的资深经理布莱恩·史密斯（Brain Smith）在公司网页上写道："我保证，这种商品绝无咖啡气味，是从旧有的咖啡烘焙模式演变而来的崭新突破。"

这种完全尝不出咖啡味道的香甜气泡饮品，究竟能够带来什么样的"突破性的咖啡体验"呢？果味冰饮与星巴克出产的其他咖啡产品唯一的共通点就是都有咖啡因。但该公司在果味冰饮的推销过程中故意混淆焦点，甚至大玩文字游戏。星巴克宣称每罐果味冰饮都能为消费者提供"来自环保咖啡萃取的天然能量"，但实际上"咖啡因"一词却完全没有出现在其外包装之上。看着星巴克公司如此玩弄逻辑与文字技巧以略过"咖啡因"这个字眼，让我想到格莱美奖得主莉莉·汤姆林（Lily Tomlin）的感叹："不管你变得多么愤世嫉俗，你还是无法跟上这个怪异的世界。"

星巴克还将旗下的咖啡因传递机制结合在一起，用Via饮品的小瓶子来销售果味冰饮，用这种方式来包装"咖啡因"，以销售给那些不喜欢咖啡的人。

在我自己买到泰勒办公室的几样咖啡因传递机制之中，有样商品特别混淆了咖啡与能量饮品之间的界线，某种已经停产的K-Cup的外包装上印着"普雷沃（Revv Pulse），含有人参与瓜拉纳"。当我拿出这项商品时，泰勒笑着说："你一定也曾经拿给销售人员问了类似的问题吧？"的确，泰勒说对了。在2010年夏季，绿山公司推出了雷夫（Revv）与普雷沃，该公司甚至为了这两款咖啡与以咖啡作为基底的饮品注册了商标"天然原始的能量饮料"。其广告词如下："为了符合激增中的能量饮料消费者的最大利益，绿山咖啡公司替克里格单杯份咖啡机推出了两款全新的K-Cup，内含更多的咖啡与更多的提神成分。"K-Cup采用黑色外包装，带有霓虹绿色线条，直接模仿了怪兽能量饮的颜色设计。

较为传统的咖啡爱好者可能会对这些产品觉得疑惑，他们喜欢原有的天然含咖啡因饮品，甚至会将那些添加了咖啡因粉末的产品视为完全不同范畴的东西。然而他们也指出某些咖啡因管理政策上的怪现象。绿山公司在推出普雷沃之前曾经询问过食品药品监督管理局，为了弥补烘焙过程中的咖啡因流失，公司是否可以在K-Cup中添加咖啡因粉末？管理局给出的回应竟是："不可以，除非你们能够提供科学证据以显示该添加物安全。"

绿山公司的产品营销并未受阻，还希望增加产品中的咖啡因含量，借以在迅速成长的能量饮料市场中占有一席之地。因此，该公司利用人参与瓜拉纳来增加K-Cup的咖啡因含量。既然食品药品监督管理局常常将低价位的天然原料（例如瓜拉纳）视为香料的一种，绿山公司便借此游走于灰色地带，因为食品药品监督管理局反对它使用咖啡因粉末去提升其产品的咖啡因含量。但绿山公司最终在2012年停止了该条生产线。

在现有的市场潮流下，完美的咖啡传递机制并非不可能实现。新产品需要有大多数美国人所喜爱的咖啡香味，必须是方便的小包装单杯份量，就好像可口可乐与K-Cup。它必须是香甜的，就好像可口可乐与怪兽能量饮料。它必须含有大量的咖啡因，就好像真正的咖啡与能量饮料。但不像真正的咖啡，这类产品可以将其内含的咖啡因控制在固定的含量。如此一来，这类产品看起来就会像是具有咖啡香味的能量饮料。

两个物种从完全不同的生命形态出发，却会发展出类似的身体功能，借以在同一个环境找到生存利基，生物学家称此为"趋同演化"。海豚与鱼类就是这样的例子，"爪哇怪兽"与"星巴克双倍浓缩"（Doubleshot）这两种饮品也是一例。

爪哇怪兽是以能量饮料的身份问世，而星巴克双倍浓缩则是罐装咖啡。前者的特色是把含咖啡因的能量饮品加了咖啡来提味，而后者则是在咖啡饮品中添加了额外的咖啡因（卷标上标示着本产品为"强化的能量咖啡"）。两种产品在商店里的冰冻饮料柜中位置紧邻着。在今天，这类饮品的生态位点与市场需求都是现成的，这两种饮品只需要几个演化步骤便能从不同的起始点发展成相同的东西。

并非只有怪兽与星巴克这两家公司在竞争这个达尔文式的市场大饼。亚利桑那饮料公司（Arizona Beverage Co.）从茶叶商品出发开始竞逐能量饮品市场，该公司推出了震撼乔能量饮（Joltin'Joe，饮料名称来自职业棒球联赛传奇巨星乔·迪马吉奥的绰号）。摇滚巨星自诩旗下的烘焙咖啡饮品"极为出色地融合了奶油与拿铁咖啡"，还加了咖啡因、瓜拉纳、人参、维生素B与牛磺酸。哥伦比亚咖啡种植者联盟甚至破天荒地推出胡安·瓦尔德兹双倍提神饮料（Juan Valdez Double Kick）加入战局（不过似乎已从市场上消失）。这类饮品越来越受到消费者的欢迎。"爪哇怪兽"在2012年第三季的销售额增长了近25个百分点。

　　然而，饮料业者并非在黑暗中摸索前进，他们将产品的咖啡因含量调整到最理想数值，以确保消费者会持续购买。例如饮品界巨子雀巢公司在2005年所申请的咖啡饮品专利权当中，即明确地记载着"速溶咖啡粉所冲泡出的浓烈咖啡因饮品必须精确管控其咖啡因含量"，详细地记录着咖啡粉与天然咖啡因的混合步骤。并且，雀巢公司也描述了产品预计对人体造成的新陈代谢影响："一份咖啡饮品必须含有最低80毫克、最高115毫克的咖啡因，如此一来，饮用单份饮品的消费者其血液中的咖啡因浓度将会达到每公升1.25毫克以上，并且维持2~4个小时。"是的，你没看错！上述饮品调配公式混合了咖啡因粉末与真正的咖啡，其目的在于让你达到理想的"血液中的咖啡因含量"。

　　今天早上，当我将之前在7-Eleven超市购买的爪哇怪兽硬汉豆系列（Java Monster Mean Bean）拿给泰勒看时，他快速地看了卷标上的文字。然后他说："此处将饮品中所掺入的咖啡因视为能量补给的一环，但并未清楚标示其含量。"这段话让我回想起，当我在2011年首次造访食品药品监督管理局之后，虽然大环境改变了许多，但不少商品上的咖啡因标示仍旧是非常糟糕的。美国饮料协会公布其自行制定的能量饮品管理方针一年半之后，怪兽公司宣布会着手将能量饮品标示为食品，并且标明咖啡因含量后的几个月，该项商品依旧被标示为营养补给品，咖啡因含量仍然不清楚。

　　泰勒本人有喝咖啡与健怡可乐（有时是无咖啡因产品）的习惯，也相当清楚若要管理与限制商品中的咖啡因含量，当局将会面临严峻的挑战。泰勒说："有人曾问过，我们是否能够对购买咖啡设立年龄限制？如此一来，人们去星巴克消费将必须出示身份证件。但我认为这样的做法相当不切实际。"泰勒强调："没有人能忽略我们身处的现实环境。"

然而，泰勒还是对传统的咖啡因饮品与新近的各种能量饮料做出区分。手里拿着一罐怪兽，他说："这种东西不会是名垂青史或具有文化代表性的咖啡因。"

化学合成咖啡因

爪哇怪兽或许不会成为名垂青史或具有文化代表性的饮料，但其热度却势不可挡。令人感到惊讶的是，并不是咖啡因传递机制演变出混合着化学香精与咖啡因粉末的产品，反倒是市场上竟然过了这么长时间才出现这类产品。以前就有个人预见到这种情况将会发生，并且描述得相当清楚。

德国化学家埃米尔·费希尔曾在1902年获得诺贝尔奖，但在那7年之前他就已经在实验室中率先合成出了咖啡因。在该年的一场演说中，他预计业界将会马上开始大规模地合成咖啡因，因为这能够降低商品成本。当然，费希尔说对了。只是一直要到数十年之后，才有德国公司开始销售这类化学合成的咖啡因产品。而费希尔当年的其他评论后来也成了预言：

　　　　我们发现市面上最广为流行的两种兴奋剂咖啡与茶，成分里面最能起到提神作用的竟然都是咖啡因。此后，我们看待这类饮品的观点将大为转变。大家都知道，长久以来人们都努力地想用较低成本的原料去取代较高成本的原料。最明显的证据就是市场上频频出现各种咖啡替代品。然而，这些替代品却缺少了咖啡与茶所具有的最重要的特质，亦即由咖啡因所带来的愉悦刺激的效果。而现在，如果我们能够便宜地做出化学合成的咖啡因，那么上述缺点将可借由添加化学咖啡因而获得改善，业界一旦开始这样做，将同时也会着手改善这类替代品的口感与香味。我们甚至也可能通过化学的方式，人为地创造出咖啡或茶的真正风味。只需要一点想象力，我们就将能预见，未来不再需要咖啡原豆就能做出一杯好咖啡：将少许的化学合成粉末加入水中，就能够变出一杯相当可口的提神饮料，而且还非常便宜！普罗大众通常会怀疑化学家所提出的这类预言。如果有化学家预言连鸟粪都可能用来制作出化学饮品，人们就更加不会相信了！

果然，不久后就有人以化学合成的咖啡因来制作商品。费希尔还预言了其他事情。他也预见了社会大众将不愿意接受由尿酸制成的咖啡因饮品，这正是可口可乐公司在20世纪50年代所担心的问题。费希尔所佩戴的夹鼻眼镜肯定异常清晰，因为他甚至预见了爪哇咖啡、摇滚巨星烘焙咖啡以及其他的类似商品。在咖啡风味能量饮料问世的一个世纪之前，费希尔就已经预测到这些怪东西将会出现。若说身在1902年的民众会怀疑化学家所提出的预言，今日的消费者肯定不会。在今天，只要去最近的商店打开饮料冰柜，就能够看到用一小匙粉末调配的咖啡风味"化学合成饮品"。

无法保证的安全性

当代众多的能量饮品看起来就像是阿萨·坎德勒所创造的可口可乐，只是制作流程更高级、包装更精美。在查塔努加大审的一个世纪之后，咖啡因的相关科技已经进步许多，温和的泰勒现在扮演的角色有点像是当年采取夸张行动的威利。但食品药品监督管理局依旧在思考着相同的问题：咖啡因是否具有成瘾性？对于添加到可乐或各种能量饮料里的咖啡因以及茶与咖啡当中的天然咖啡因，我们是否应该将这两者当做不同东西以制定相关法令？咖啡因对儿童与青少年来说是健康的吗？联邦政府又应该如何管控含咖啡因的商品？

每当能量饮品受到社会批评时，美国饮料协会都会送出相关的新闻稿，但在这次代表团拜访泰勒讨论咖啡因相关问题之后，协会却显得异常沉默。

长期支持政府介入管理咖啡因问题的迈克尔·雅各布森告诉我，他其实并不指望食品药品监督管理局的调查结果。他表示："我感到很讶异，我们几乎无法督促该管理局做任何事情。"

雅各布森告诉我，食品药品监督管理局在采取任何管制行动之前，会做大量研究，以至于行动停滞不前。对于咖啡因管理制度，他只相信眼见为实。他说："最消极的办法，就是要求厂商在产品上标注内含的咖啡因。"较强硬的办法则是要求含咖啡因饮料的外包装必须印上相关警语，并且限制咖啡因的添加剂量。

泰勒认为标注咖啡因含量可能会是可行的管理办法。另一个方案则是制定出具有强制力的法规，限制产品的咖啡因含量。但在食品药品监督管理局调查报告出炉前，他不会预设立场。他说："我们所实行的办法首先就是要收集完整的相关科学证据。"

首先，泰勒要求美国国家科学院医学研究中心（Institute of Medicine of the National Academies）详细研究咖啡因的相关科学。这项研究将包含各种层面，例如咖啡因对人体心血管与中枢神经系统的影响，尤其是针对较易过敏的群体。同时也会研究咖啡因与能量饮品中的其他成分，探讨两者可能产生的交互作用或额外影响。

泰勒强调，我们同时也应该去关注食品添加过程中可能产生的问题。他表示："我们现在所面对的是激增中的新颖产品，与过往完全不同，甚至可能会对消费者造成某些生理影响。我们的工作并不是站在一边等着看将会发生哪些问题。我们有法律规定，要求业者在推出产品之前必须通过严格的安全检测，项目可由本管理局所决定，或者是一般公认具有权威的科学单位。但是，在眼前这个问题上，我们似乎无能为力。"泰勒一边说一边敲打着桌上的怪兽能量饮料。

泰勒说明了食品药品监督管理局对于食品添加的现行规定，其内容允许业者自行提供添加物的安全性检测报告给管理局，但当中并未包含GRAS标准。

泰勒对我说："这件事情最让我感到不安的是，决定要在商品中额外添加咖啡因的各家业者完全没有通过主动告知程序来联系食品药品监督管理局，没有任何业者将检测数据送来给我们以接受检查。他们完全不遵守食品添加物的认可制度，视体制为无物。"

这么看来，生产含咖啡因能量饮品的所有公司，包括可口可乐、百事可乐、5小时能量饮料、NVE、箭牌、震动、怪兽、红牛、摇滚巨星，等等，都没有获得食品药品监督管理局的销售许可，因为当局并未认可其商品中所含有的食品添加剂的安全性。泰勒的谈话内容清楚说明了为什么当初绿山咖啡未被允许将综合咖啡因粉末加入K-Cup商品之中。该公司所犯下的错误就是主动去询问管理局是否可以这样做。现今，整个能量饮品产业每年销售超过百亿美元的相关商品，却都没有获得食品药品监督管理局的明确认可。

因此，泰勒认为，各家食品业者纷纷制造销售各种能量饮品与新式含咖啡因产品，这样的商业行为并不符合社会大众的对食品安全的期待，也违反食品添加剂相关规定的目的。

他说："我无法保证这类能量饮品的安全性。这并不是说我们有办法去证明这类产品实际上是危险有害的，但如果有人要我们提供安全性担保，抱歉，我们做不到。"

离开食品药品监督管理局时，我经过摆放着食品药品监督管理局过往调查成果的展示柜。里面有各种DDT与安眠镇静剂。还有许多专利药物与早期调查员的奖章。展示柜中仅有的咖啡因存放在一个名为"配方一号"的瓶子里，其中麻黄与咖啡因的混合物被证实会造成心脏问题。我很好奇20年后这柜子里会增加哪些东西，或许会是现今市场中流行的含有过量咖啡因的商品，更有可能的是某种目前还没研发出来的更创新、更强放、更让人无法抗拒的东西。

当天下午我在返回缅因州途中，经过里根国家机场里的星巴克。那是个温暖的6月午后，店内的果味冰饮正热烈销售中。我闻到飘过来的咖啡香味，那诱人的程度让人感到就好像身在哥伦比亚圣玛尔塔知名的胡安·瓦尔德兹咖啡馆。

几小时后，我开车经过缅因州的查纳镇，三号公路旁竖立着可口可乐与百事可乐的广告招牌，这类产品里混合着中国药厂制造的粉末。我在一间乡下小店停车加油，在店内冰箱中看到满满的怪兽、摇滚巨星与诚实茶等饮品。我曾在北京马连道茶街上喝过现煮的茶，其中最精华的物质已经被加进诚实茶了。收款机下方则一如往常地摆放着好时巧克力棒。

收款机旁的柜台上则摆放着较为强烈的能量饮品与口含片，展示盘上有E6能量口含片（E6 Energy Strip），上面还塞了一包箭牌公司推出的提神能量咖啡因口香糖。这是我第一次看到箭牌公司的商品未被摆在置物架中。是啊！我买了这包口香糖。世事难料，或许以后会用到。

致　谢

在本书写作过程中，我的夫人玛戈特与两个小女儿莱拉和罗米都一直支持着我。她们总是热心地关注着大小事情，告诉我最新的相关新闻，指出我的思虑不周或推论错误之处，并且在我挖掘出值得写下的内容时总是不吝于给我鼓励。她们是我的灵感来源，如果没有她们，我绝对无法完成本书。

我的两个兄弟安德鲁与查理是我最有耐心的听众，常常在我们一同骑单车出游、滑雪或喝咖啡时给我很多绝佳的建议。另外，当我试着厘清各种统计资料与科学问题时，他们多次提供莫大帮助，毕竟其中一个是环境科学家，另一个是心脏科医师。

凯瑟琳·迈尔斯与詹姆斯·雷德福读了本书部分内容，并且给予我犀利的洞见与坚定的支持。"媒体人物"栏目在相当重要的时刻提供给我冰凉的啤酒。我还要感谢许多朋友与家人，以及在火车上、飞机上、酒吧里和咖啡馆里遇见的许多陌生人们，他们都是我用来测试故事内容是否有趣的石蕊试纸。

　　我很荣幸能够与哈德逊街出版社（Hudson Street Press）合作出书，社内同仁卡罗琳·萨顿对本书所付出的关心程度据说在出版业中已经难以见到。从草稿到最终定稿，克里斯蒂娜·罗德里格斯包办了所有的文书工作，详细检查所有的细枝末节，并且保持整体结构完整。

　　我的经纪人琳恩·庄士敦工作认真且具有洞见，在其他人并不看好的情况下，她仍然相信本计划终会成功。她总是温和地鼓励我做出改进，并且帮助我以正确的方向完成本计划。

　　感谢众多编辑允许我去探索咖啡因所遍布的各个角落，尤其是来自美国国家公共电台的简·格林哈尔与安德里亚·德莱昂、来自《连线》杂志（*Wired Magazine*）的沙拉·法伦以及来自《国家地理杂志》（*National Geographic Magazine*）的卢娜·谢尔。

　　在亚特兰大与华盛顿特区的国家档案馆，以及田纳西州立图书馆与档案馆的多位图书馆员，都非常有耐心地帮助我在茫茫史籍中搜寻咖啡因的相关资料。另外，感谢贝尔法斯特自由图书馆（Belfast Free Library）提供了相关文献以及一个安静的写作空间。

　　为了本书的研究，我进行了超过17次采访，在此，我深深感谢受访者们慷慨拨冗并提供信息。

　　最后，感谢咖啡因这种带有苦味的白色粉末激励了本书的诞生，作为本书的研究焦点，并且也提供了我写作时的续航力。